우리는
감염병의 시대를
살고 있습니다

인문학과
함께하는
과학 산책

우리는 감염병의 시대를 살고 있습니다

김정민 지음

우리학교

이제는 돌아갈 수 없는 세계

과학자이자 세계적 베스트셀러 『코스모스』의 저자 칼 세이건 Carl Sagan은 우리가 사는 이 지구를 가리켜 "창백한 푸른 점"이라고 했습니다. 1977년 보이저 1호가 지구를 떠난 지 10년이 지나 드디어 태양계 바깥으로 나가기 전에 찍어 보낸 사진 속 지구의 모습을 가리켜 한 말인데요, 광대한 우주에서 바라보면 지구는 먼지 같은 작은 점에 불과했기 때문입니다. 하지만 사진을 찍어 보낸 보이저 1호는 그처럼 보잘것없이 작은 별에 사는 인류가 좁은 울타리를 넘어서 우주로 발을 내디딘 기념비적인 사건의 주인공이었죠.

이제 줌 인zoom in으로 확대해 창백한 푸른 점을 좀 더 자세히 살펴볼까요? 지름이 12만 킬로미터에 이르고 거대한 고리를 가진 아름다운 행성 토성을 지나 지구보다 300배나 무겁고

1500배나 큰 목성도 지나갑니다. 마침내 푸른빛의 자그마한 행성, 지구가 보일 거예요. 줌을 조금씩 더 당겨 볼까요? 그러면 푸른 바다와 산, 그리고 우리 인간이 모여 사는 도시와 빌딩이 보일 것입니다. 물론 그 전에 만리장성도 보일 테고요.

우주에서는 얼핏 눈에 잘 띄지도 않던 창백한 푸른 점이 이내 온갖 생명체가 숨을 쉬는 또 하나의 작은 우주로 보일 것입니다. 푸른 별 지구는 고래와 같이 커다란 생명체부터 플랑크톤처럼 작은 생명체까지 함께 모여 사는 곳입니다. 여기서 줌을 더 당기겠습니다. 이제 우리 피부에 붙어 있는 세균과 그 세균보다도 작은 바이러스까지 볼 수 있겠죠.

광막한 우주를 향해 우주선을 쏘아 올린 인류는 지구라는 작은 별에서 놀랍도록 성공한 종입니다. 우주의 긴 역사에 비추어 보면 눈 깜빡할 새도 안 될 만큼 짧은 시간 안에 지구를 정복했으니까요. 북극에서 남극에 이르기까지 인류의 발걸음이 닿지 않은 곳은 없고, 마침내 그 꿈은 지구 밖 우주를 향하고 있습니다. 인류가 발전시켜 온 기술 문명의 성과 덕분이죠.

이토록 대단한 인류가 오늘날 바이러스로 인해 위기에 처했습니다. 1000만 분의 1미터(80~100나노미터)밖에 되지 않아 그

크기를 상상하기조차 힘들 만큼 작은 바이러스 때문에 말이죠. 그 작은 존재가 사람들의 행동과 동선을 통제하고 세계경제를 마비시켰습니다. 2020년 팬데믹은 그동안 우리가 굳게 믿고 있었던 많은 것을 뒤흔들었습니다.

겨울이 지나고 따뜻한 봄이 오면 바이러스가 한풀 꺾일 것이라든가, 여름이 오면 다시 예전의 일상으로 돌아갈 수 있을 것이란 경험적인 예상도 허무하게 빗나가 버렸습니다. 오히려 폭염과 함께 찾아온 감염병의 재유행은 겨우 조금씩 회복하나 싶었던 일상에서 우리를 멀찌감치 밀어냈습니다. 그렇다면 얼마의 시간이 더 흘러야 우리는 팬데믹 이전의 상태로 돌아갈 수 있을까요? 아니, 이전의 상태로 돌아갈 수 있기는 한 걸까요? 여러분과 함께 이 질문에 대한 답을 찾아보고자 합니다.

인류는 태양계 밖으로 우주선을 날려 보낼 수 있는 능력자이지만, 정작 우리가 앓는 질병의 원인을 제대로 파악하기 시작한 것은 200년이 채 되지 않습니다. 그 짧은 시간 동안 인류는 질병과의 싸움에서 놀라운 발전을 이루어 냈죠. 이처럼 인류가 창백한 푸른 점에서 살아가기 위해 겪어야 했던 도전의 역사를 살펴보면, 역학조사, 방호복, 사회적 격리, 백신 개발 등 오늘날 경험하는 감염병에 대한 여러 대응의 맥락과 현재를 좀 더 깊이 이해할 수 있을 거예요. 인류를 공포에 떨게 한 감염병이 지나간 뒤 생긴 여러 변화도 되돌아볼 것입니다. 그래야만 앞으로 어떠한 생각과 태도로 살아야 하는지 가늠할 수 있을 테니까요. 미래에 혼란스러운 감염병의 시대를 또다시 무방비 상태로 맞이하지 않기 위해서 말이죠.

김정민

차례

1장

감염병의 역습

2장

우리가 주인공이라는 오래된 착각

3장

인간 vs. 감염병

4장

감염병이 바꾼 세상, 모두의 안녕

5장

원 헬스, 공생을 생각하다

1장

감염병의 역습

누구의 역사인가?

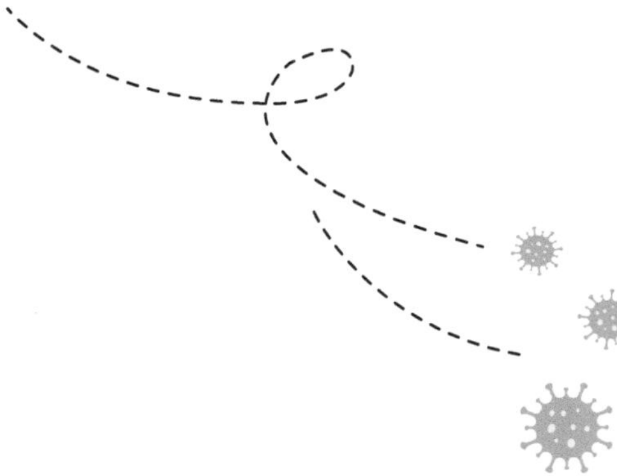

역사는 무엇을 중심에 놓고 보느냐에 따라 다양하게 이야기할 수 있습니다. 미술을 주인공으로 서술하는 미술사, 과학을 중심으로 설명하는 과학사, 경제 발전의 흐름을 주로 들여다보는 경제사 등 여러 갈래로 나뉘죠. 2019년 12월에 발생해 세계적 대유행, 이른바 팬데믹• 을 일으킨 코로나바이러스 감염증-19COVID-19(코로나19)로 인해 사람들은 갑자기 '감염병의 역사'에도 관심을 기울이게 되었습니다.

• 세계보건기구(WHO)가 선포한 감염병 최상위 단계. 에피데믹은 감염병이 특정 지역에서 한정적으로 발생하는 현상, 엔데믹은 감염병이 특정 지역에서 주기적으로 발생하는 현상이다.

◉ 리처드 쿠퍼, 〈마을 근처 강에 장티푸스를 떨어뜨리는 죽음의 천사〉, 1912년.

그런데 말이죠. 감염병의 역사라고 하면 그 주인공이 누구일까요? 그동안 인류를 괴롭혀 온 감염병일까요, 아니면 감염병과 싸워 온 인류일까요? 그저 말장난 같아 보일 수도 있지만, 우리가 앞으로 이 책 전체를 아울러 깊이 생각해야 할 중요한 질문입니다.

14세기 유럽에서는 수많은 사람이 원인도 모른 채 페스트라는 감염병에 걸려 죽어 나갔습니다. 고작 할 수 있었던 일은 피부를 시커멓게 괴사시키는 이 병이 마귀에게서 비롯되었다고 여기며, 해결책으로 마녀를 찾아내어 화형에 처하는 것이었죠. 감염병으로 흉흉한 상황에서 엉뚱하게 마녀로 몰려 목숨을 잃은 사람도 많았습니다. 지금 생각하면 터무니없는 대응이지만, 갑작스레 엄습한 죽음의 공포 속에서 사람들은 누구든 희생양을 찾아 분풀이하고 싶었을 것입니다.

검은 죽음의 병, 흑사병이라고도 부르는 페스트는 예르시니아 페스티스라는 세균에 의한 감염성 질환입니다. 본래 야생 설치류에 발생하는 질병인데, 설치류의 피를 빨아 먹고 사는 벼룩이 사람 피도 빨아 먹는 과정에서 상처를 통해 페스트균이 옮는 것이죠.

중국에서 유행했던 페스트는 쥐라는 매개체를 통해 상인들의 짐과 함께 이탈리아 제노바나 피렌체 등의 유럽 도시에 상륙하며 순식간에 번지기 시작했습니다. 중세 유럽은 장원을 중심으로 이루어진 폐쇄적인 농경 사회였습니다. 종교적인 이유로 노출을 꺼린 사람들이 머리끝부터 발끝까지 옷으로 감싼 데다 주위 환경이 불결하고 열악한 탓에 사람 몸에 이나 벼룩이 들끓었어요. 페스트균으로서는 살판나는 상황이죠. 프랑스와 영국은 물론, 북유럽과 러시아까지 페스트가 퍼지면서 당시 유럽 인구 3분의 1 이상이 속수무책으로 사라졌습니다. 그렇게 감염병의 대유행이 지나가고, 유럽 인구수가 그 이전만큼 회복되는 데는 무려 300년이란 시간이 걸렸습니다.

1812년 6월, 프랑스 황제 나폴레옹 1세는 60만 대군을 이끌고 러시아원정을 떠납니다. 프랑스는 영국 해군을 무찌르고 영국 땅에 입성하려 시도했지만, 번번이 영국 함대에 무릎을 꿇어야 했습니다. 여러분도 잘 알다시피 나폴레옹의 사전에는 불가능이란 단어가 없었으니, 어떻게든 다른 수를 찾으려 했겠죠. 나폴레옹은 당시 영국을 강하게 만드는 힘의 원천이자 식민지였던 인도를 차지해야겠다고 결심합니다. 프랑스에서 인도로

◉ 아돌프 노르텐, 〈모스크바에서 퇴각하는 나폴레옹〉, 1851년.

가려면 러시아를 지나가야 했는데, 방법은 러시아와 동맹을 맺거나 전쟁해 이기는 것뿐이었어요. 당연히 처음에는 동맹을 맺으려고 했지만, 러시아 황제 알렉산드르 1세와의 협상이 뜻대로 풀리지 않았죠. 당시 러시아는 병력이나 화력이 프랑스 군대와는 비교할 수 없을 정도로 열악했기 때문에 나폴레옹은 쉬운 승리를 예상하고 출정했습니다.

결과는 어땠을까요? 불행히도 러시아에 닿기도 전에 나폴레옹 군대에 열병이 돌기 시작해 군사들이 속절없이 쓰러졌습니다. 바로 폴란드의 풍토병 발진티푸스• 때문이었죠. 나폴레옹 군대가 힘겹게 러시아에 들어섰을 때 60만 대군 중 13만 명이 남았고, 간신히 모스크바에 도착했을 때는 달랑 9만 명밖에 남지 않았습니다. 결국 나폴레옹은 러시아와 제대로 싸워 보지도 못한 채 추위와 병마에 시달리다가 겨우 살아남은 4만 군대를 이끌고 퇴각할 수밖에 없었습니다.

• 1489년 스페인에서 처음 발병한 발진티푸스는 30년 전쟁, 아일랜드 대기근, 제1차 세계대전, 제2차 세계대전 등 역사 속 수많은 사건에서 악명을 떨쳤다.

인류는 페스트와 발진티푸스 외에도 유럽 열강의 신대륙 정복을 도운 천연두나 콜레라, 말라리아처럼 다양한 감염병과 역사를 같이했습니다. 그리고 그때마다 엄청난 인명 피해뿐만 아니라 경제, 정치, 문화, 종교 등 거의 모든 분야에서 커다란 변화를 겪어야 했죠.

아마 여러분도 충분히 공감할 수 있을 것입니다. 코로나19 바이러스로 인한 팬데믹이 일어난 지 얼마 지나지 않아 여러분의 일상이 어떻게 바뀌었는지 떠올려 보세요. 학교에서 친구들과 함께 수업을 듣거나 밥을 먹고, 몸을 부딪치며 운동하는 것이 더는 평범하지 않은 일이 되었습니다. 영화를 보러 극장에 가거나 야구를 보러 경기장에 가는 일도 평소와 같지 않았죠.

지금 우리가 겪는 사회 전반의 변화는 어쩌면 이제 시작일지도 모릅니다. 바로 이때 과거 인류가 겪었던 감염병의 역사를 되돌아본다면, 앞으로 닥칠 포스트코로나 시대에 어떻게 대처할지 방법을 찾을 수 있을 것입니다.

감염병과 역사의 아이러니

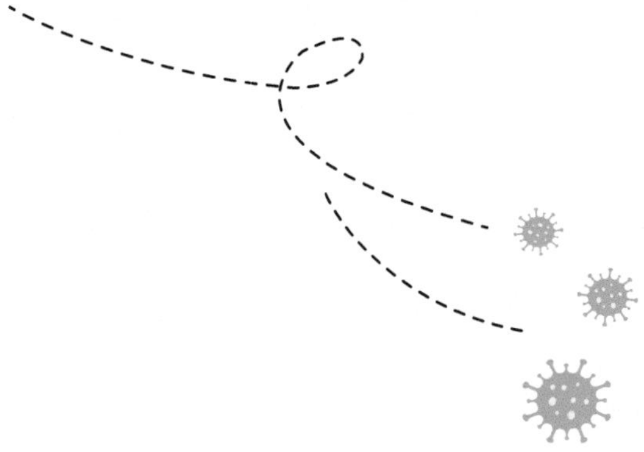

감염병은 사실 인간만의 문제가 아닙니다. 조류인플루엔자나 돼지콜레라처럼 동물 사이에 유행하며 목숨을 앗아 가거나, 벼줄무늬잎마름병이나 식물탄저병처럼 식물을 공격하는 감염병도 다수 존재합니다. 그렇다면 감염병은 정확히 무엇을 의미하고 언제부터 시작된 것일까요?

감염병은 세균이나 바이러스, 원충 같은 각종 병원체가 동물이나 식물 그리고 인간에게 일으키는 감염증을 의미합니다. 아마도 감염병은 지구상에 생명체가 생겨났을 때부터 시작되었

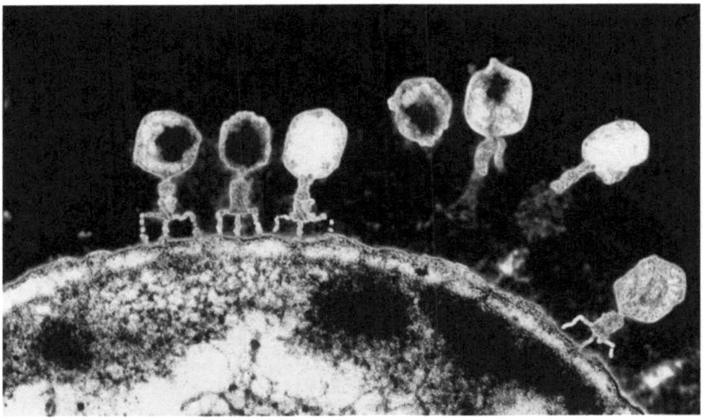

◉ 세포를 공격하는 박테리오파지바이러스.

을 테니, 어떻게 보면 각종 감염병을 일으키는 세균과 바이러스가 인류의 대선배인 셈이죠. 다시 말해 감염병은 어느 날 갑자기 인류를 공격해 온 재앙이 아니라 인류와 언제나 함께해 온 동반자나 다름없습니다. 인류의 역사가 곧 감염병의 역사인 셈이죠. 아니, 오히려 인류가 감염병 역사의 일부분에 불과한 것일지도 모릅니다.

사실 우리가 느끼지 못해서 그렇지, 인간의 몸은 늘 전쟁터와 같습니다. 오염된 손이나 호흡기를 통해 몸속으로 들어온 각종 세균과 바이러스가 인간의 면역 체계와 쉼 없이 전투를 벌이니까요. 지금 이 순간에도 말입니다. 인간의 면역 체계가 대부분 승리하지만, 그렇지 못하면 우리는 감기 또는 독감을 앓거나 배탈로 고생하기도 합니다.

그러다가 코로나19 바이러스와 같이 낯설고 전염성이 강한 병원체의 공격을 받으면, 우리의 면역 체계는 와르르 무너지고 바이러스가 다른 사람에게 전염되었을 때도 그 파장이 커집니다. 전쟁에서 가장 어려운 상대는 정체를 알 수 없는 새로운 적군입니다. 적을 모르니 대비할 수 없고, 낯선 공격에 한 번 무너지면 끝을 모른 채 초토화되고 말죠. 한 지역의 풍토병이 여러 매개체를 통해 다른 지역으로 이동하면, 옮아간 그곳에서 더 크게 번지는 사례는 감염병 역사에서 쉽게 찾아볼 수 있습니다.

대표적인 사례는 멕시코 아스테카왕국과 잉카문명을 파괴했던 '천연두'입니다. 스페인의 에르난 코르테스Hernán Cortés는 600명도 안 되는 병력으로 인구 수백만 명의 아스테카왕국을 정복했습니다. 정말 놀라운 일이죠. 1519년 코르테스는 멕시코 중앙 고원에 건설된 아스테카왕국의 수도 테노치티틀란에 다다르고, 그곳의 거대한 규모와 문명에 압도당하고 맙니다. 테노치티틀란의 흔적이 남아 있는 지금의 멕시코시티는 세계에서 관광객이 몰려드는 아름다운 유적지이기도 하죠.

정복욕에 불타오른 코르테스의 무적함대는 워낙 수적으로 열세라 멕시코 원주민을 규합해 아스테카왕국과 싸웠지만, 1520년 병력의 반을 잃고 변방으로 쫓겨납니다. 하지만 코르테스는 이에 굴하지 않고, 이듬해 주변 나라와 연대해 테노치티틀란 탈환에 성공합니다. 그런데 이때 코르테스의 승리에 결정적인 역할을 한 것이 바로 천연두바이러스였습니다. 코르테스 군대가 테노치티틀란에 도착하기도 전에 천연두가 창궐해 그 많던 원주민의 절반이 이미 죽고 말았으니까요.

천연두가 아스테카왕국에 퍼지게 된 원인은 1492년으로 거슬러 올라가 찾을 수 있습니다. 스페인 여왕의 후원을 받아 항해를 떠난 크리스토퍼 콜럼버스Christopher Columbus가 카리브해의 작은 섬 히스파니올라에 도착한 이래로, 수많은 스페인 사람들이 종교적이거나 경제적인 이유로 그곳에 이주했습니다. 바로 그때 천연두도 이주민과 함께 신대륙에 정착했죠.

히스파니올라섬 원주민은 그동안 단 한 번도 경험하지 못한 낯선 감염병에 거의 전멸하다시피 했습니다. 그리고 천연두

◉ 멕시코시티에는 아스테카왕국의 거대한 수도 테노치티틀란의 흔적이 남아 있다.

는 쿠바와 자메이카의 섬을 거쳐 아스테카왕국의 수도 테노치티틀란까지 순식간에 퍼져 나갔습니다. 1518년 2500만 명이었던 멕시코 중앙 고원의 인구가 1532년에는 1600만 명으로, 1585년에는 190만 명으로 줄어들었다고 하니 당시 피해 규모가 어느 정도였는지 짐작할 수 있습니다. 아스테카왕국뿐만 아니라 남아메리카의 잉카제국 역시 같은 이유로 스페인의 프란시스코 피사로Francisco Pizarro가 이끄는 소수 병력에 정복당했습니다.

여기서 놀라운 점은 천연두바이러스가 이 병원체를 경험한 적이 없는 원주민에게 유독 치명적이었다는 사실입니다. 이를 통해 우리는 인간의 면역 체계가 낯선 병원체에 얼마나 취약한가를 가늠할 수 있습니다.

한때는 화려했던 제국을 멸망에 이르게 하는 무시무시한 병원체가 있는 반면에 우리 몸을 이롭게 하는 세균도 있습니다. 이 세균을 '정상 세균총'이라고 하는데, 소화나 배설을 돕는 대장 내 유익균이 대표적입니다. 또 우리 몸에 어떤 영향도 끼치지 않은 채 살고 있는 병원체도 있습니다.

과거에는 병원체 중 하나인 원충, 그러니까 회충과 같은 기생충이 인간의 몸속에 들어와 터를 잡고 살았는데, 간혹 체중 감소나 소화불량을 일으키기도 해서 해마다 봄철이면 구충제를 복용하기도 했었죠. 하지만 대부분은 자신들의 안위를 위해 숙주를 공격하지 않고 오히려 숙주와 공생 관계를 유지하기 때문에 다른 병원체에 비해 큰 피해가 없는 편이었습니다. 영화 〈기생충〉은 그러한 기생충과 숙주의 공생 관계를 잘 보여 줍니다. 때에 따라 기생충이 숙주를 공격해 함께 자멸하는 모습까지도 말입니다.

인류의 감염병 소탕 작전

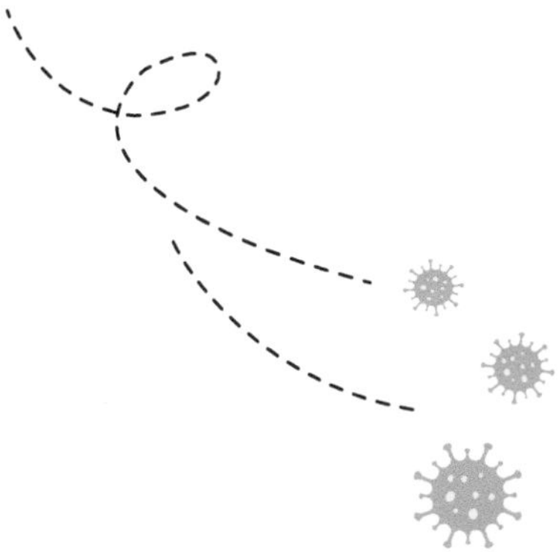

인간은 만물의 영장이라는 자부심 때문인지, 난데없이 나타나 엄청난 희생과 재난을 안긴 감염병의 원인을 밝히고 그 재앙의 싹을 없애려는 시도를 오랫동안 이어 왔습니다. 인류 역사에는 페스트나 발진티푸스, 콜레라처럼 대규모로 전파되고 수많은 사상자를 낸 감염병과 더불어 말라리아나 천연두를 비롯해 홍역, 소아마비, 결핵, 수두와 같은 소규모 감염병도 늘 함께했습니다.

아기가 태어나 처음 맞는 생일에 돌잔치를 여는 우리나라 풍

습은 본래 갓 태어난 생명이 수많은 감염병을 용케 피하거나 견디고 일 년을 무사히 살아 냈음을 축하하는 의미였죠. 그만큼 과거에는 어린아이를 공격하는 여러 감염병으로 인해 영아 사망률이 높았고 평균수명도 낮았습니다. 여러분의 할머니나 할아버지 세대에서는 가족 중 감염병으로 세상을 떠난 이를 찾는 일이 어렵지 않았죠.

감염병 같은 재앙을 앞에 두고, 신의 심판 또는 마녀의 농간이라며 기도하거나 도망치거나 마녀사냥을 하는 주술적 대응이 모든 문화권에서 오랫동안 이어져 온 동시에 과학적인 대응도 지속해서 발전했습니다. 무엇보다 감염병이 발생하고 창궐하고 수그러드는 오랜 과정을 관찰하는 것이 중요했기에, 그 결과는 비교적 최근에 빛을 발하게 되었습니다.

감염병을 일으키는 대표적 원인이 '세균'이라는 사실을 확인한 사람은 독일의 로베르트 코흐Robert Koch였습니다. 코흐가 19세기 후반, 그러니까 1884년 콜레라균을 발견한 것을 시작으로 1940년대에 비로소 항생제가 사용되었습니다. 이때부터 세균 감염을 막기 위해 손이나 몸을 깨끗이 씻고, 주변 환경을 청결히 유지하며 소독하는 등의 예방법과 병에 걸리면 항생

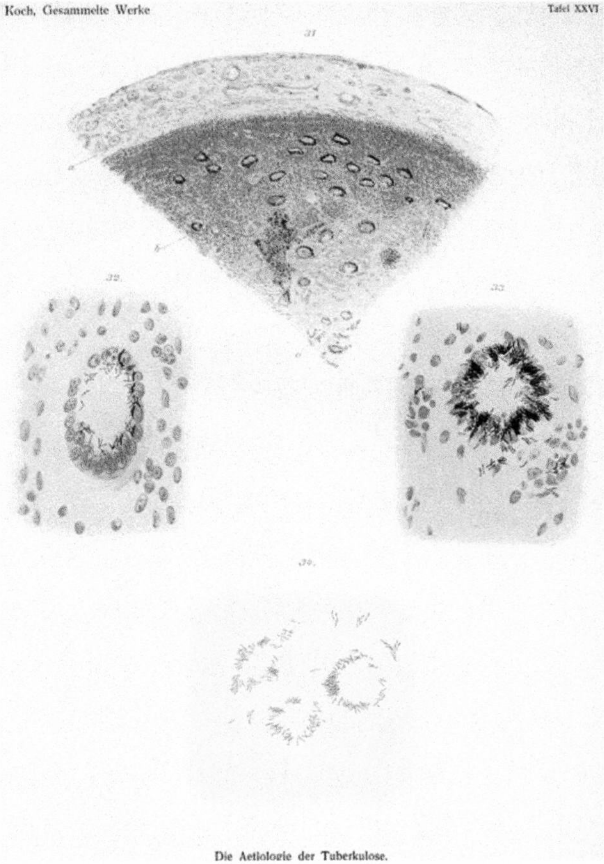

◉ 로베르트 코흐가 스케치한 결핵균, 1884년. 세균학 연구법의 기초를 마련하고 결핵균과 콜레라균을 발견한 코흐는 1905년 노벨 생리·의학상을 받았다.

제를 처방하는 치료법이 알려지기 시작했죠. 그리고 인류는 감염병과 싸워 온 역사에 한 획을 긋는 결정적 순간을 맞습니다. 1976년 세계보건기구가 천연두 백신 개발에 힘입어 천연두의 지구 퇴출을 선언한 것입니다.

19세기는 과학과 기술이 비약적으로 발전한 시대였습니다. 1687년 아이작 뉴턴Isaac Newton이 지상과 천상을 아우르는 보편적인 법칙을 발표한 이래, 과학은 그동안 안개 속에 감추어져 있던 자연의 신비를 차례차례 벗겨 나갑니다. 그리고 18세기 후반 들어 제임스 와트James Watt의 증기기관이 상업적으로 이용되면서 산업혁명이 속도를 내기 시작합니다. 이어서 19세기는 이전 시대의 성과를 동력 삼아 더욱 빠른 속도로 발전합니다.

과학 지식과 기술의 발견이 폭발적으로 증가했고, 이제 자연은 알 수 없거나 두려운 대상이 아니라 인간의 삶을 풍요롭게 채워 주는 보물 창고가 되었습니다. 마침내 인류는 과학기술을 무기로 어떤 문제도 해결할 수 있다는 자신감을 가지기에 이르렀죠. 설령 그것이 지구 생태계의 자연적인 균형을 바꿔 놓을 수 있는 일이더라도 말입니다.

대표적인 예로 인간은 이나 벼룩, 모기처럼 감염병을 주로 옮

기는 매개체를 없애기 위해 살충제를 개발해 살포합니다. DDT라는 살충제는 여러분의 조부모 세대와 매우 친숙한 이름입니다. 그들이 어렸던 시절에는 영양부족과 비위생적인 환경 탓에 사람 몸과 머리카락에 소위 '몸니'라는 이가 서식했습니다. 그래서 학교나 관공서에서 한 번씩 날을 잡아 사람들을 줄 세우고, 한 명씩 차례로 온몸에 DDT를 살포하는 광경을 흔히 볼 수 있었습니다. 당시 사진을 보면, 가려움에서 해방된다는 기쁨에 사람들이 환하게 웃고 있기까지 합니다. 이처럼 DDT는 한때 인류를 구원한 '핫잇템'의 반열에 오르기도 했죠.

◉ 한국전쟁 중에 피난민들의 머리에 DDT를 살포하는 장면(위)과 1960년대 여름철 거리를 소독하는 방역차(아래).

인류의 감염병 소탕 작전은 이때부터 승승장구합니다. 천연두뿐만 아니라 결핵, 홍역, 소아마비, 수두 등 영아 사망률을 높여 온 주요 감염병의 백신을 개발해 예방접종을 실시했습니다. 아마 여러분은 어린 시절에 예방접종을 한 덕분으로 앞서 열거한 병원체에 대한 면역력을 갖춘 상태일 것입니다. 백신은 보통 국가의 경쟁력에 의존할 수밖에 없습니다. 천연두를 비롯해 결핵, 홍역, 소아마비, 수두와 같은 감염병은 백신 접종 비용을 국가에서 부담할 수 있는 선진국에서부터 퇴출당하기 시작했고, 가난한 나라들은 세계보건기구의 원조를 통해서나 백신 접종을 할 수 있었습니다. 1950년 한국전쟁을 겪은 우리나라도 물론 예외는 아니었죠.

지금 우리는 결핵이나 홍역, 소아마비 등의 예방접종을 특별한 혜택인 줄 모르고 살지만, 아프리카나 남아메리카, 동남아시아 같은 제3 세계에서는 여전히 많은 아기가 주사 한 방을 맞지 못해 홍역이나 소아마비를 앓습니다. 그러니 감염병이 출현하면, 백신과 치료제를 빠르게 개발하는 동시에 그 혜택을 모두가 누릴 수 있도록 얽혀 있는 여러 문제를 해결해 나가는 것도 빠뜨려서는 안 될 과제입니다.

I will be back

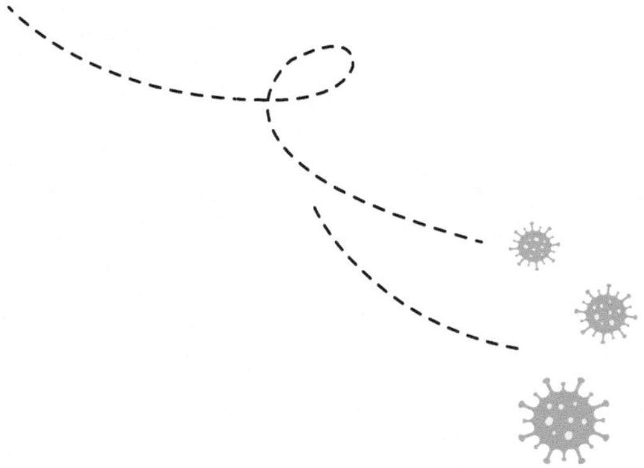

'코로나바이러스'라는 이름은 이제 전 세계에서 모르는 사람이 없지만, 2003년에 퍼졌다가 갑자기 사라진 사스나 2015년의 메르스 역시 코로나바이러스가 원인이라는 사실은 모르는 사람이 많을 것입니다. 갑작스레 나타나 수많은 사람을 감염시키고 급기야 목숨을 앗아 가며 전 세계를 공황 속에 빠뜨린 코로나바이러스는 조금씩 모습과 성질을 바꾸어 가며, 20년 가까이 우리 곁에 있어 온 것입니다. 아니, 어쩌면 그보다 훨씬 이전부터 함께했을지도 모르죠.

코로나바이러스에 속하는 사스바이러스는 중국 남부 광둥성 일대에 서식하는 사향고양이에게서 흔히 발견되는데, 정작 사향고양이에게는 별다른 해를 입히지 않습니다. 마치 말라리아모기가 말라리아에 걸리지 않는 것과 같죠. 숙주와 바이러스가 서로 공생 관계를 잘 유지하고 있어서입니다. 그런데 이 바이러스가 사향고양이를 잡아 요리해 먹은 사람에게는 치명적이었습니다. 인간에 의해 숙주와 바이러스의 공생 관계가 깨지면서 괴물 바이러스가 나타났다고 해도 과언이 아닙니다.

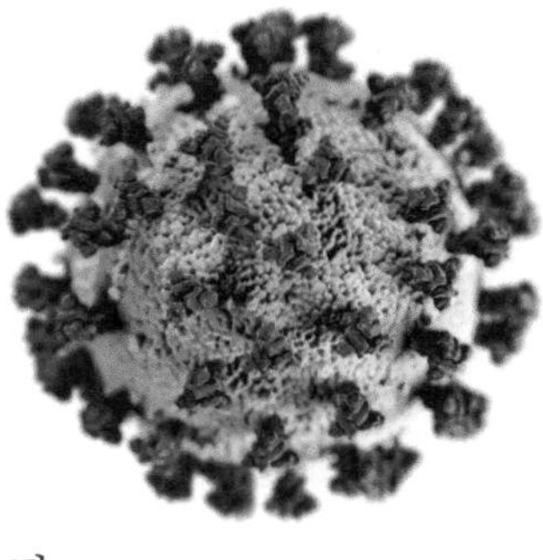

2002년 11월, 중국 광둥성은 갑자기 나타난 중증 급성 호흡기 증후군(사스) 환자들 때문에 공황 상태에 빠집니다. 고열, 기침, 두통, 근육통을 앓으며 독감과 유사한 증상을 보이는 환자들에게 독감 치료제를 써도 전혀 효과가 없었죠. 까닭도 모른 채 죽어 나가는 환자들이 발생했고, 한 달 만에 환자 수가 빠르게 늘어났습니다. 하지만 중국 보건 당국은 이 사실을 쉬쉬하다가 감당할 수 없는 비상사태가 되자, 2003년 2월 세계보건기구에 이 원인 미상의 급성 호흡기 질환을 보고합니다.

사스가 다른 감염병과 특히 다른 점은 확산 속도에 있었습니다. 그 어느 때보다 항공운송이 활발히 이루어진 시기였기에, 각종 세균이나 바이러스 같은 병원체가 비행기로 이동하는 사람, 기내에 실려 운송되는 과일이나 꽃 속의 해충, 수하물 등에 묻어 전 세계로 빠르게 퍼져 나간 것입니다. 중국의 늦장 대응도 문제가 있었지만, 사스의 확산 속도는 충격적이었습니다. 30개국으로 번지는 데 불과 일주일도 걸리지 않았으니까요.

여기에서 중요한 신조어가 등장하는데요, 바로 강력한 감염병 전파자를 뜻하는 '슈퍼스프레더super-spreader'입니다. 사스가

단 며칠 만에 세계적으로 퍼진 중심에는 중국인 의사 리우지안룽劉劍倫이 있었습니다.

특별히 많은 2차 접촉자를 감염시키는 숙주.

2003년 2월, 홍콩에서 열린 학술 대회에 참석한 리우지안룽은 사스 의심 증상이 있었습니다. 그는 학회에 참석하기 전 광둥성에서 사스 감염자로 추정되는 환자들을 치료했는데, 그때 감염된 바이러스 증상이 홍콩에서 나타난 것이죠. 그가 거쳐 간 호텔의 투숙객들과 학회 참석자들이 자신들의 거주지로 돌아가자, 사스바이러스는 이들에 의해 캐나다, 싱가포르, 베트남 등지로 빠르게 퍼졌습니다. 그리고 2003년 7월, 전 세계 30개국 이상에서 8400명이 감염되었고, 이 중 900여 명이 목숨을 잃었습니다. 놀라운 점은 감염자 중 절반 이상이 리우지안룽 한 사람에게서 감염되었다는 사실입니다.

우리가 명심해야 할 것은 슈퍼스프레더를 비난할 게 아니라 가능한 한 빠르게 슈퍼스프레더를 찾아내고 전파 경로를 철저히 조사하면서 동시에 제2, 제3의 슈퍼스프레더를 차단해야 한다는 점입니다. 2003년 3월 18일부터 전 세계 연구소들 사이의 가상 네트워크가 가동되어 사스의 원인 병원체를 찾기 위한 공동 연구가 시작되었고, 얼마 지나지 않아 사스를 일으킨 코로

◉ 메르스바이러스에 감염된 낙타로부터 전파되기 시작한 메르스는 치료법이 밝혀지지 않은 채 별안간 사라졌다.

나바이러스의 정체가 밝혀졌습니다. 그런데 백신이나 뚜렷한 치료법을 아직 찾지도 못한 2003년 여름, 사스는 갑자기 사라집니다. 같은 해 겨울에 중국 광둥성에서 4명의 사스 환자가 발생했지만, 중국이 야생동물의 생포와 판매를 금지하는 정책을 시행하고부터 새로운 사스 환자의 발생 보고는 없었습니다.

그로부터 10여 년 뒤 세계는 또다시 코로나바이러스의 충격에 빠집니다. 2015년 중동과 아라비아반도를 중심으로 중동 호흡기 증후군이라고 불리는 메르스 사태가 터진 것입니다. 메르스는 증상이 사스와 비슷한데 치사율●은 훨씬 높아 전 세계를 또 다른 공포로 몰아넣었습니다. 그런데 메르스도 사람 간 접촉을 피하거나 손을 깨끗이 씻는 것 말고는 예방법이나 치료법이 제대로 밝혀지지 않은 채 별안간 사라집니다.

● 어떤 병에 걸린 환자에 대한 그 병으로 죽는 환자의 비율.

그리고 2019년의 끝에 신종 코로나바이러스는 유전자 변이를 거쳐 더욱 강력한 바이러스로 진화해 우리를 찾아왔습니다. 사스와 메르스, 두 번의 기회가 있었는데도 여전히 아무런 대책도 마련하지 못한 바로 그때 말입니다.

감염병도 진화하고 있다

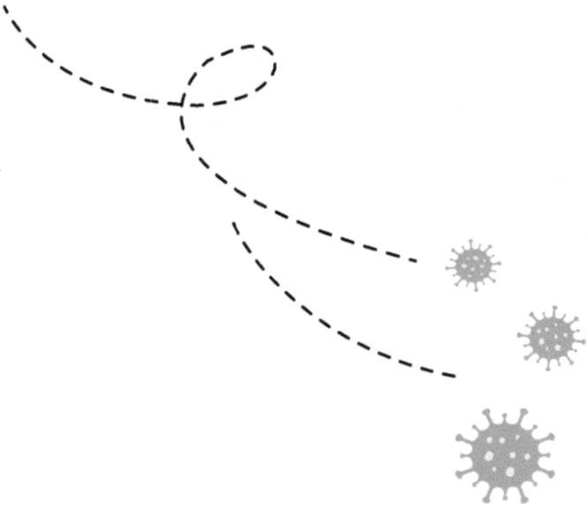

지금 우리가 사스를 다시 주목해야 하는 이유는 코로나바이러스가 과거에는 인간을 공격한 적이 없는, 전혀 새로운 병원체이기 때문입니다. 물론 코로나바이러스가 사향고양이나 박쥐 같은 숙주와 얼마나 오래 공생 관계를 맺어 왔는지는 알 수 없지만, 인간에게 전염되어 퍼진 것은 비교적 최근의 일입니다. 메르스도 낙타나 중동 지역의 야생동물에게서 발견된 바이러스가 불과 얼마 전부터 사람에게로 옮아온 것이고요. 즉 앞으로 인간을 공격할지도 모르는 낯선 세균이나 바이러스가 얼마든

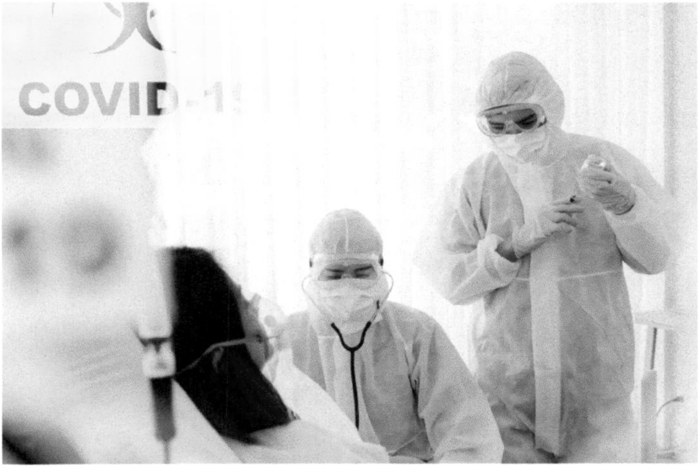

지 새롭게 등장할 수 있다는 말입니다.

우리는 코로나19 바이러스에서 비롯된 팬데믹으로 전 세계 의료진의 헌신적인 노력과 국가 간의 협조, 그리고 철저한 검역과 적절한 격리가 중요하다는 사실을 다시 한번 깨달았습니다. 이와 동시에 첨단 의학이 발달한 오늘날에도 인간이 감염병 앞에서 이처럼 속수무책일 수밖에 없는가 하는 의구심은 좀처럼 수그러들지 않습니다. 심지어 지금의 상황이 오래전 유럽에서 페스트가 유행했을 때와 별 차이가 없다고도 하니까요. 최근 감염병이 번지는 속도까지 생각하면, 오히려 과거보다 더 무방비 상태인지도 모릅니다. 그렇기에 우리는 인류가 어떻게 감염병과 싸워 왔는지 돌아보고, 앞으로 어떤 대응이 필요한지 생각해야 합니다.

세균이나 바이러스 같은 병원체는 인류보다도 먼저 지구에 살기 시작했다고 했죠. 이들은 인류보다 앞서 지구에서 살아가던 동식물에 기생했을 테고, 때로는 숙주와 공생 관계를 유지하고 때로는 숙주를 공격해 아프게 했을 것입니다.

영화 〈쥬라기 공원〉 시리즈를 탄생시킨 가설은 지금 생각해도 기가 막힙니다. 아주 오래전 쥐라기에 공룡의 피를 빨아 먹은 모기가 송진이 굳어 만들어진 광물 호박 속에 갇힌 채 화석이 되었는데, 훗날 첨단 유전공학 시대에 호박 결정체 속에 잘 보존된 모기의 핏속에서 공룡 DNA를 복원해 공룡을 되살린다는 설정이었죠. 모기가 누구입니까? 지금까지도 말라리아, 뎅기열, 일본뇌염 등 무시무시한 감염병을 옮기는 매개체입니다. 덩치가 거대한 공룡조차도 모기가 옮기는 감염병에서 안전하지 못했을 것입니다.

그러다가 지구 생태계에 합류한 인류가 기름진 땅 주변에 정

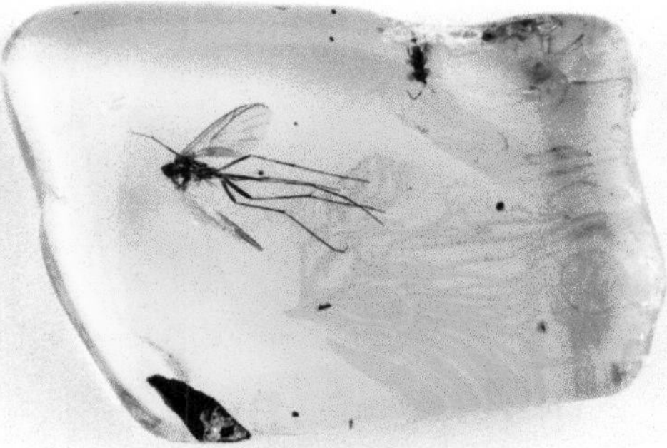

착해 사냥 대신 농사를 짓고 가축을 키우면서부터, 동물과 식물 그리고 인류와 병원체가 함께 살아가는 생태계는 또 다른 국면을 맞이합니다. 사람과 동물이 서로 옮기고 옮는 인수공통감염병이 생겨난 것이죠.

문명이 발달하고 인구가 증가함에 따라 도시가 생겨나자 사람들이 더욱 밀접하게 모여 살게 되면서 상황은 더욱 심각해집니다. 깨끗한 물과 오염수, 상수도와 하수도의 공급과 배출이 구별되지 않아 도시의 위생 상태가 나빠지자 병원체의 공격이 빈번하게 일어났습니다. 더구나 도시에 모여 살던 사람들은 과도한 노동으로 몸 상태가 그리 좋지 않았을 테고요. 페스트, 콜레라, 말라리아, 티푸스 등의 감염병이 마치 신의 저주처럼 주기적으로 찾아와 무고한 목숨과 삶의 근간을 휩쓸고 지나갔지만, 사람들은 그저 견디는 것밖에 할 수 있는 일이 없었습니다.

마침내 19세기가 되자 각종 감염병에 대한 통계가 지역마다 수집되었고, 인류는 특정 감염병의 패턴을 파악하기 시작합니다. 페스트는 쥐가, 콜레라는 오염수가, 말라리아는 모기가, 티푸스는 이나 벼룩이 매개체라는 사실을 발견하고 그 원인을 차단했죠. 특히 천연두나 매독은 소나 양 등의 가축도 같은 병에 걸린다는 점을 알아내어 백신을 개발할 수 있었습니다. 백신의 도움으로 면역력을 가지게 된 지금은 홍역도, 천연두도, 페스트도 더는 현대인을 괴롭히지 못합니다.

이토록 놀라운 의학 발전의 과정에는 오랜 노력과 수많은 희생이 뒤따랐습니다. 부작용이 발견되어 사용 중지된 DDT와 같은 시행착오도 있었고요. 코로나19 사태에 대해 사스와 메르스까지 겪고도 왜 아직 해결하지 못했는가 하는 탄식이 너무 섣부른 게 아닌가도 싶습니다. 그만큼 새로운 감염병에 대응하기 위해서는 어느 정도의 시간이 필요합니다.

더구나 사스나 메르스처럼 불특정한 시기에 불특정한 패턴으로 감염되고 퍼지다가 갑자기 소강상태를 보이는 감염병은 이를 연구하는 과학자들을 힘들게 합니다. 백신을 개발하더라도 동물실험을 거쳐 임상 시험을 하기까지 들어가는 비용이 너무 많다 보니, 장기간의 비용 투자가 어려워 연구가 중단되기도 쉽고요. 우리는 2003년 사스로 한 번, 2015년 메르스로 또 한 번 코로나바이러스를 연구하고 대비할 기회가 있었습니다. 감염병이 갑자기 수그러들면서 감염의 원인인 바이러스를 연구할 목적이 사라지고, 백신 개발을 위한 연구비 지원도 끊겼죠.

결과적으로 보면, 백신 개발에 들어가는 비용(약 3조 원)이 코로나19 해결을 위해 우선으로 긴급 투입된 비용(약 12조 원)의 4분의 1밖에 되지 않는데도 말이죠. 소를 잃기 전에 외양간을 손보기가 정말 쉬운 일은 아닌가 봅니다.

물론 인류가 대응해 온 감염병의 역사를 전체적으로 살펴보면 나름대로 성공적이었다고 자부할 만합니다. 치료제와 백신을 개발하고, 세계보건기구 같은 국제기구를 통해 그 혜택을 나누려 노력하며 질병 대응 체계를 마련해 왔으니까요. 하지만 우리의 노력을 비웃듯 감염병은 계속해서 새롭게 진화하고, 이들의 출현에 따라 우리를 둘러싼 환경도 점점 변화하고 있습니다. 그 기막힌 이야기를 앞으로 하나씩 다루도록 하겠습니다.

2장

우리가 주인공이라는 오래된 착각

백 세 시대에서 포스트코로나 시대까지

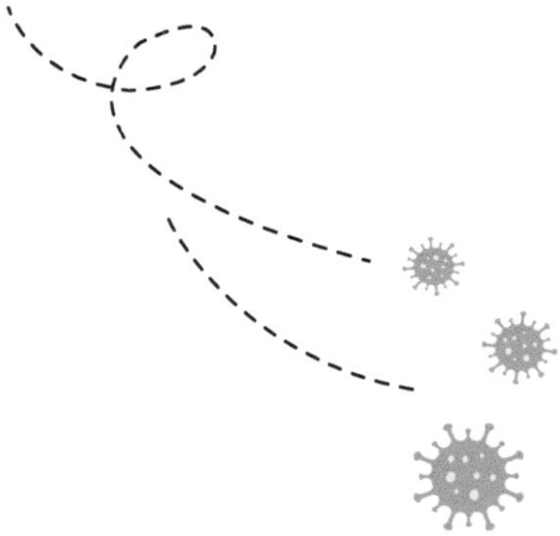

요즘 세계 곳곳에서 '포스트코로나 시대'라는 말이 들려옵니다. 코로나 이후 시대를 뜻하는 이 말이 자주 쓰인다는 건, 코로나로 인해 앞으로 세상이 어떻게 바뀔지 다양한 예측이 이루어지고 있다는 의미이기도 합니다.

코로나19 바이러스가 가져온 변화, 예컨대 사회적 거리두기나 온라인 수업, 공공장소에서의 마스크 착용 등 이미 일상에서 체감한 변화가 적지 않을 것입니다. 이처럼 작은 변화가 모여서 만들어 낼 큰 변화, 더 나아가 그러한 변화가 초래할 가까운 미

래 사회에 대해 전 세계의 각 분야 전문가들이 저마다의 방식으로 이야기하고 있습니다. 그런데 여기서 잠깐, 코로나19 바이러스로 인해 변화된 삶의 모습을 짚어 보고 앞으로 변화될 삶을 예측하기 전에 코로나 시대 이전의 상황을 한번 되돌아보고자 합니다.

가장 먼저 떠오르는 것은 우리가 죽음보다는 노화를 걱정하는 시대를 살고 있었다는 사실입니다. 지금의 젊은 세대는 120살을 거뜬히 넘겨 살 것이란 말이 우스갯소리가 아니었으니까요. 의학적으로도 150살까지 살 수 있다고 보았죠. 광고나 방송 어디에서든 '백 세 시대'라는 말을 너나없이 썼고, 어떻게 하면 젊음을 오래 유지하면서 즐겁게 나이 들 것인지가 현대인의 화두였습니다.

백 세 시대라는 믿음의 근거는 의학을 비롯한 첨단 과학과 기술의 발전에 있었습니다. 우리는 이른바 트랜스휴먼 시대를 살아가며 더 나아가 포스트휴먼• 시대를 꿈꾸었으니까요. 즉 유전자 검사를 통해 각종 질병의 위험을 차단하고, 유전자 편집 기술로 물려주고 싶지 않은 유

• 기술을 통해 신체와 정신 능력을 강화한 인간을 트랜스휴먼, 자연적 인간이 트랜스휴먼을 거쳐 진화를 거듭해 도달한 완전히 새로운 존재를 포스트휴먼이라고 한다.

전자 또는 물려받고 싶지 않은 유전자를 미리 편집해 제거할 수 있으며, 인간의 생물학적 한계를 인공장기나 로봇 팔, 로봇 다리 같은 기계장치 등의 기술로 극복할 수 있는 시대 말입니다.

자주 씻지 못해서 사람 몸에 벼룩이나 이 또는 기생충이 들끓고, 그로 인한 각종 감염병에 시달리거나 오염된 식수를 마시다가 페스트, 티푸스, 콜레라와 같은 감염병에 속수무책으로 당하는 시대가 아니죠. 다양한 항생제와 백신, 위험한 벌레를 없

애는 살충제가 넘쳐 나는데, 우리는 새로운 바이러스 앞에서 왜 이토록 무기력해진 걸까요?

코로나19 바이러스가 발생한 지 반년도 채 안 되었을 때 전 세계 사망자는 46만 1000명이 넘었고, 1년이 지나자 220만 명을 넘어서기에 이르렀습니다. 그런데 백신은 물론 치료제도 없었습니다. 사스를 통해 코로나바이러스가 알려진 지는 거의 20년이나 되었는데 말이죠. 그렇다면 사스와 메르스를 일으킨 코로나바이러스가 코로나19 바이러스로 진화한 속도가 우리 인간의 대응 속도보다 빨랐던 것일까요?

2005년 개봉한 스티븐 스필버그 감독의 영화 〈우주 전쟁〉은 팬데믹 시대에 다시금 주목받았습니다. 모든 면에서 지구인보다 강한 외계인이 지구인과 벌인 전쟁에서 지구 미생물에 감염되어 모두 죽고 지구에 다시 평화가 찾아온다는 내용이죠. 이런 허무한 결말 때문에 개봉 당시 논쟁이 분분했습니다. 앞서 제기했던 우리의 질문처럼 말이죠.

지금에 와서 영화의 결말을 다시 보면, 기술 문명이 아무리 뛰어나더라도 인간이든 외계인이든 기계가 아닌 생명체인 이상 여러 병원체의 공격에서 결코 자유로울 수 없다는 메시지에 공감할 수밖에 없습니다. 각종 병원체나 그들을 옮기는 매개체도 자신들을 위태롭게 만드는 기술 문명에 그저 가만히 당하고만 있진 않는다는 사실을, 우리는 감염병의 시대 속에서 직접 확인하고 있습니다.

인간과 모기, 플랑크톤의 차이

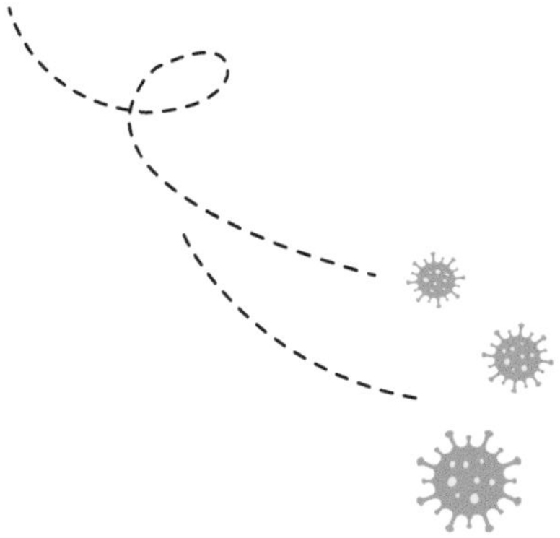

영화 〈우주 전쟁〉의 결말에 대해 논란이 많았던 이유는 그동안 대부분 영화에서 지구가 위기에 처하면 응당 슈퍼맨이든 아이언맨이든 히어로가 '짠' 하고 나타나서 문제를 해결했기 때문입니다. 도저히 이길 수 없을 것만 같은 적들을 끝내 물리치고서 말이죠. 지구를 구한다는 것은 곧 인간을 포함한 지구 생명체 모두를 구하는 일이니, 그야말로 히어로가 아닐 수 없습니다.

또 다른 영화 〈인터스텔라〉의 주인공은 지구가 도저히 사람이 살 수 없는 환경이 되어 버린 절망적인 상황에서 이렇게 말합니다.

"우리는 답을 찾을 것이다, 늘 그랬듯이!"

영화 속 주인공의 대사인 동시에 지구의 운명을 책임진 인간의 대사라고 해도 전혀 어색하지 않습니다. 그렇다면 인간은 언제부터 지구의 주인공이 되었을까요? 아니, 주인공이 맞기는 할까요?

'인간은 어떻게 이 세상에 살게 되었을까?'라는 질문은 인류의 오랜 궁금증이었죠. 세상에 흩어져 있는 수많은 신화와 종교가 그 물음에 대답해 왔습니다. 인간을 신과 크게 다르지 않게 그리는 그리스신화를 비롯해 거의 모든 신화에서 인간은 늘 세상의 중심에 있었습니다. 아담과 이브가 세상 만물의 주인공으로 창조된 기독교를 포함한 여러 종교에서도 인간은 늘 주인공이었죠.

하지만 인류가 자기 자신을 이전과는 다른 관점에서 보게 하는 사건이 일어났습니다. 그중 하나는 과학의 발전, 특히 생물 시간에 배우는 진화론•의 발견입니다. 찰스 다윈Charles Darwin이 진화론을

• 1859년 영국의 생물학자 찰스 다윈이 『종의 기원』을 통해 내세운 "생물은 진화하는 것"이라는 주장.

◉ 인간은 언제부터 지구의 운명을 책임진 주인공이 되었을까?

세상에 내놓으면서 자신들이 막강 파워를 자랑하는 제우스의 후손이자 하느님이 창조한 모든 생명체 중 특별히 애정으로 빚어낸 세상의 주인공이란 인류의 믿음에 커다란 균열이 생긴 것이죠.

오늘날 우리는 교실에서 인간이 지구에 자리를 잡게 된 것은 생명의 진화 과정에서 생겨난 일이라고 배웁니다. 진화론적 관점에서 보면, 인간은 결코 지구 생태계의 주인공이 아닙니다. 다른 모든 생명체와 마찬가지로 지구 생태계를 이루는 하나의 종일 뿐이죠. 그 점에서는 인간이나 모기나 플랑크톤이나 차이가 없습니다.

진화론의 핵심은 생명체가 주변 환경에 적응하면서 변화하

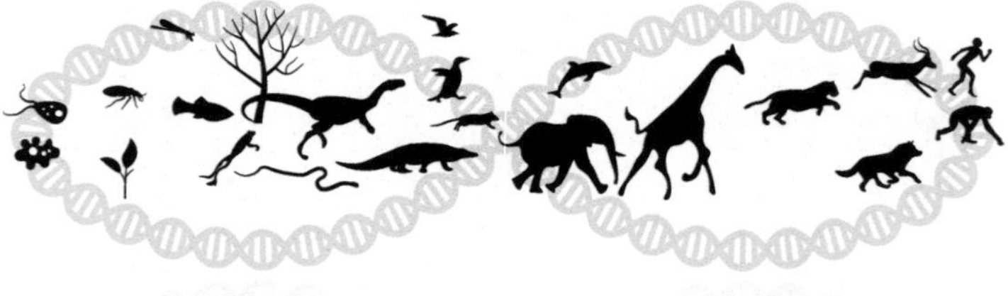

고 생존을 이어 간다는 것입니다. 여기서 특히 주목해야 하는 개념은 '적응'인데요, 적응은 생명체가 환경 변화를 견뎌 내고 대를 이어 생존해 나가는 것을 의미합니다. 따라서 생명체에게 있어 적응은 커다란 도전이기도 합니다. 환경 변화에 적응하지 못하면 생을 이어 나갈 수 없으니까요.

최근 바다의 수온이 올라가면서 바다 생태계에 커다란 변화가 일어나고 있습니다. 우리나라 주변만 해도 난류성어류가 늘어나고 한류성어류는 찾기 어려워졌죠. 바다의 수온이 지금보다 더 올라가면 버티지 못하고 멸종하는 종이 늘어날 거예요. 바다만 그럴까요? 육지도 마찬가지입니다. 지구온난화 문제가 심각한 이유가 바로 여기에 있습니다.

진화론적 관점에서 적응은 생존 기술입니다. 모든 생명체는 생존하고자 하며, 이를 위해 주변의 환경 변화에 적응하려고 애씁니다. 이때 적응의 방식은 수동적일 수도 있고, 능동적일 수도 있습니다. 환경 변화에 맞춰 스스로 변화하기도 하지만 때로는 생명체가 환경을 변화시키기도 합니다. 이러한 환경과 적응의 관계를 진화론에서는 '공진화'라고 말합니다. 환경과 생명체가 상호작용을 통해 서로에게 영향을 끼치며 변화해 간다는 뜻

이죠.

그런데 인류의 생활 방식이 지구 생태계에 끼친 영향력을 생각한다면, 인류를 주인공이라고 하지 않을 수 없습니다. 지구 생태계의 다른 생명체와 달리 인류는 아주 적극적으로 환경을 바꿔 왔고, 앞으로도 바꿔 버릴 수 있죠. 그래서 인류는 지구 생태계에 있어 히어로가 될 수도, 또는 빌런이 될 수도 있는 존재입니다.

인간은 히어로인가, 빌런인가?

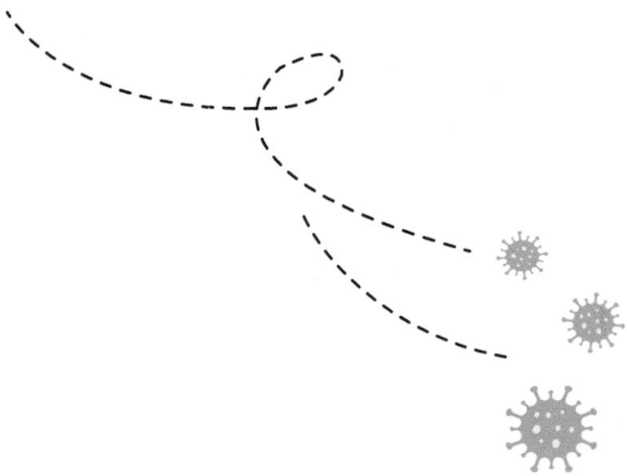

사실 환경은 생명체에게 축복이기도 하고 시련이기도 합니다. 생명체가 삶을 영위할 수 있는 터전이라는 점에서는 축복이지만, 그 안에서 일어나는 변화가 생명체를 위협할 때는 시련이 될 수 있죠. 지진이나 태풍, 홍수, 허리케인 등의 천재지변이 닥치면 그저 빨리 지나가기만을 기다리는 수밖에 없으니까요.

그렇게 모든 생명체는 환경이 부여한 시련을 이겨 내며 생명을 유지합니다. 넓은 의미에서 보면 환경이 낸 숙제를 풀어 가는 일이 곧 적응인 셈입니다. 이때 그 숙제를 푸는 방식은 앞서

말했듯이 소극적이고 수동적일 수도 있고, 적극적이고 능동적일 수도 있습니다.

바다의 수온이 점점 올라가서 더는 살 수 없는 상태가 되면, 물고기들은 적당한 수온을 찾아 이동할 것입니다. 소극적이고 수동적인 대응 방식이라 할 수 있죠. 지구 생태계의 생명체 대부분이 이처럼 소극적이고 수동적인 방식으로 환경에 적응해 왔습니다. 초기 인류 역시 예외는 아니었죠.

수렵 생활을 했던 시대의 인류를 상상해 보면, 유인원과 별 차이가 없었을 것입니다. 어쩌면 신체적으로는 유인원보다 더 취약했을지도 모르고요. 몸에 난 털도 적었을 테니 추위를 피해 동굴로 들어가 살거나 밤에 사냥하는 맹수를 피해 유인원처럼 나무 위로 올라가 밤을 보내곤 했겠죠.

운 좋게도 더운 열대나 밀림 지역에 정착했다면, 적어도 추위와 굶주림의 고통은 덜 겪었을 거예요. 어디에서나 열리는 열매를 따 먹을 수 있으니 힘들게 사냥하지 않더라도 배곯으며 살지는 않았을 테니까요. 하지만 한 걸음 더 들어가 생각해 보면, 이들의 삶도 그리 녹록하지는 않았을 것입니다. 한여름의 무더위만큼이나 견디기 힘든 것이 모기의 공격이잖아요? 산으로 캠핑을 하러 가거나 바다로 해수욕을 하러 가면 더위는 피할 수 있지만, 모기를 피하기란 쉽지 않죠.

인류의 조상이 처음 지구상에 나타나 환경에 적응하기 시작했을 때 추운 지방에서는 추위와 거대한 생명체가, 더운 지방에서는 모기 같은 아주 작은 생명체가 텃세를 부리며 인간을 힘들게 했습니다.

놀라운 사실은 결과적으로 볼 때 추운 곳이든 더운 곳이든 남김없이 지구의 모든 영역에 고루 퍼져 완벽히 적응한 유일무이

◉ 민간 우주 기업 스페이스X가 2020년 5월 30일에 성공적으로 쏘아 올린 유인우주선 크루 드래건에 탑승한 우주 비행사들. 지구에 완벽히 적응한 인류의 꿈은 이제 우주로 향한다.

의 생명체가 바로 인간이란 것입니다. 물론 지구 생태계의 균형에 커다란 변동을 일으키면서 말이죠. 인간의 완벽한 적응은 과학과 기술을 발전시킨 덕분이었습니다. 이러한 측면에서 인류는 지구 생태계의 역사에서 환경의 시련을 극복한 히어로라 불릴 만합니다.

하지만 새로운 문제가 여기서 생겨납니다. "세상에 공짜 점심은 없다."라는 말처럼 인류의 생활 방식이 지구의 생태 환경을 바꾸어 버린 데에 대한 대가가 어김없이 따르기 때문입니다. 지구온난화를 가속하는 인류의 생활 방식은 인류를 포함해 생

태계의 수많은 종을 위기로 몰아넣고 있습니다. 비행기를 타고 세계 곳곳을 여행하는 일이나 무더운 여름에 에어컨을 켜는 일, 심지어 맛있는 고기를 먹는 일도 지구환경에 커다란 영향을 끼칩니다. 우리 삶을 즐겁고 편리하게 만드는 데 쓰이는 화석 에너지는 지구 기온을 더욱 상승시키고, 가축으로 길러지는 수많은 소가 방귀로 배출하는 메탄가스까지도 대기오염원이 되니까요. 게다가 더 많은 소를 기르려면 숲을 없애 초원으로 만들어야 하는데, 그러면 숲에 살던 생명체들은 살 곳을 잃게 됩니다. 그리고 이 모든 것이 우리에게 기후위기로 되돌아옵니다.

상대성이론을 세운 알베르트 아인슈타인Albert Einstein은 꿀벌이 사라지면 인류도 사라지게 될 것이라고 말했습니다. 꿀벌은 다양한 식물에서 꿀을 얻는 대가로 식물들의 수분을 맡습니다. 많은 식물이 꿀벌 덕분에 열매를 맺고 대를 이어 생존하죠. 인간은 그 열매를 먹고요. 아인슈타인은 꿀벌의 멸종이 꿀벌로 인해 번식하는 식물의 멸종으로 이어지고, 식물의 멸종은 결국 인류의 멸종으로 이어진다고 경고한 것입니다.

만약 인류의 생활 방식이 꿀벌의 터전을 위협해서 그들이 정말 멸종이라도 한다면, 아인슈타인의 예상처럼 어떤 일이 벌어질지 모릅니다. 그렇게 된다면 인류는 다른 생명체는 물론, 자기 자신까지도 위기에 몰아넣는 악당, 즉 빌런이 되고 말겠죠. 우리를 괴롭히는 바이러스 사태 역시 이러한 맥락에서 이해해야 할 것입니다.

적응의 두 얼굴

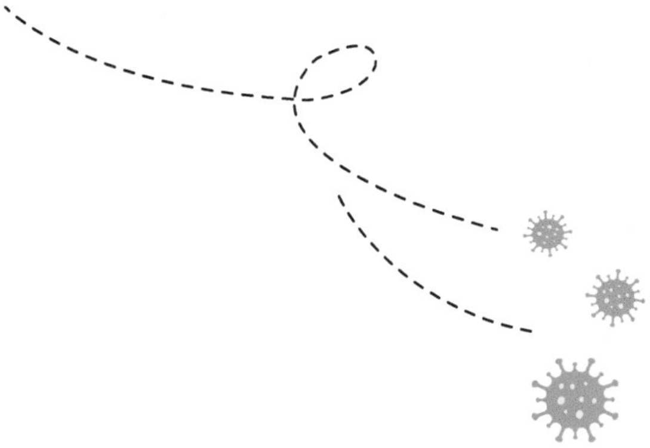

지구라는 무대에 뒤늦게, 더군다나 열악한 신체 조건을 가지고 등장한 인간이 선택한 적응 방식은 생물학적 적응이라기보다는 '문화적' 적응이었습니다. 말하자면 사자처럼 날카로운 이빨, 호랑이처럼 우렁찬 성대와 발톱, 공룡처럼 커다란 몸집이 아니라 지성을 발전시키고 도구를 사용함으로써 환경의 시련을 이긴 것입니다.

예컨대 인간은 불을 사용하면서 추위나 맹수의 공격에서 자신들을 보호할 수 있었죠. 다른 동물이라면 추워서 살 수 없는

곳에서도 머무를 수 있었고요. 또 다양한 도구를 사용할 줄 알게 되자 자신보다 몸집이 훨씬 큰 동물도 사냥할 수 있었습니다. 사냥한 동물을 날로 먹기보다 불에 구워 먹는 편이 씹기 쉽고 소화도 잘된다는 지혜를 깨닫고부터는 날것을 먹고 살았을 때보다 병원체의 공격을 덜 받게 되었죠. 사냥한 동물의 가죽으로 다른 동물들보다 털이 적어 상대적으로 취약한 피부를 보호하면서 상처로 인한 감염을 줄일 수 있었고요.

그리고 현대 인류는 기술을 발전시켜 선조들이 공상으로만 그쳤던 일들을 현실화하고 있습니다. 트랜스휴먼이나 포스트휴

면은 자연이 생명체에게 부여하는 제약과 시련을 모두 극복하는, 새로운 종으로서의 인간을 뜻합니다. 인간이 이를 실현하기만 한다면 정말 놀라운 적응이라고 볼 수 있겠죠.

하지만 이러한 과정은 불가피하게 자연환경에 영향을 끼칩니다. 제한된 공간에 한 종의 서식지가 확대되면, 다른 종이 살아갈 공간이 부족해지기 마련이니까요. 게다가 그 종이 자연환경을 오로지 자신들만이 살기 편하도록 바꾸어 버린다면, 필연적으로 다양한 생명체가 멸종하고 끝내 생태계의 균형이 무너질 것입니다. 꿀벌의 멸종처럼요.

모든 생명체는 생존하기 위해 환경에서 물자를 공급받고 그 대가로 자기 몸을 저마다 나름의 방식에 따라 자연으로 돌려보냅니다. 지구 생태계는 이렇게 순환을 이어 가는데, 그 과정은 너무나 절묘해서 낭비되는 것이 거의 없습니다. 그러나 인류의 생활 방식은 생태계의 순환이 감내할 수 있는 수준을 훨씬 뛰어넘을 만큼 많은 자원을 고갈시키고 넘쳐 나는 쓰레기를 만들어 냈습니다.

지구 생태계의 균형을 깨뜨리는 인류의 적응 방식은 당연히 값비싼 비용을 치러야 했습니다. 초기 인류가 이동 생활을 접고 한곳에 정착해 농사를 지으며 가축을 키우기 시작한 것은 틀림없이 한 단계 더 진화한 상황입니다. 충분한 영양 섭취로 몸 상태가 좋아지고, 외부 환경에 의해 위험에 빠지는 상황도 줄어들었으니까요.

그런데 이는 인간에게만 해당하는 이야기가 아닙니다. 세균이나 바이러스 같은 병원체도 한층 살기 좋은 환경이 된 셈이거든요. 한곳에 머무르게 된 인간이 도시를 이루면서 인구밀도가 급속도로 높아지자 세균과 바이러스가 터를 잡고 살아갈 숙주가 늘어났을 뿐만 아니라 여기저기 숙주를 옮겨 다닐 수도 있었던 것이죠. 인간에서 인간으로, 가축에서 가축으로, 또 가축에서

인간으로 말이에요.

이것이 바로 적응의 두 얼굴입니다. 인간은 자연에 더 잘 적응하기 위해 모여 살았습니다. 오늘날 도시에는 과거와 비교할 수 없을 만큼 수많은 사람이 빽빽이 모여 삽니다. 그리고 이러한 현상은 온갖 혜택과 편리로 이어집니다. 모든 것이 모여 있는 도시의 삶은 얼마나 편리한가요? 자동차나 비행기와 같이 빠른 이동 수단의 효율성과 편리성은 말할 것도 없죠.

그런데 막상 바이러스 감염병이 대규모로 퍼지기 시작하자, 편리하기만 했던 도시환경은 감염의 위험성을 극도로 높였습니다. 첨단 기술이 집약된 항공교통은 단 몇 시간 만에 위험한 병원균을 다른 대륙으로 전파하고 말았고요. 환경에 더욱 잘 적응하려 만들어 낸 기술과 수단이 도리어 우리를 위협하는 병원체에게도 유용한 도구가 되어 버리고 만 것입니다.

군비경쟁의 끝에서 우리를 기다리는 것

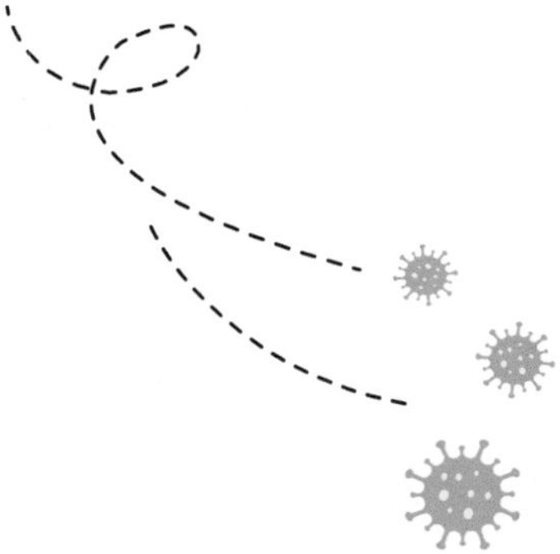

자, 이제 곰곰이 생각해 봅시다. 거듭 이야기했지만, 인류는 자연의 시련을 이겨 내기 위해 끊임없이 노력했습니다. 여러 번의 큰 희생을 치르며 감염병을 극복하려 애써 온 인류가 승리의 기운을 잡기 시작한 때도 얼마 되지 않았습니다. 공교롭게도 그 시기는 우리 삶의 방식이 극적으로 바뀌기 시작한 무렵입니다.

수렵과 채취 생활을 하던 초기 인류에게 질병은 다른 야생동물이 겪는 것과 크게 다르지 않았을 것입니다. 왜 병들고 아픈지조차 알지 못했던 시절이죠. 그렇게 인류는 수만 년을 견디며

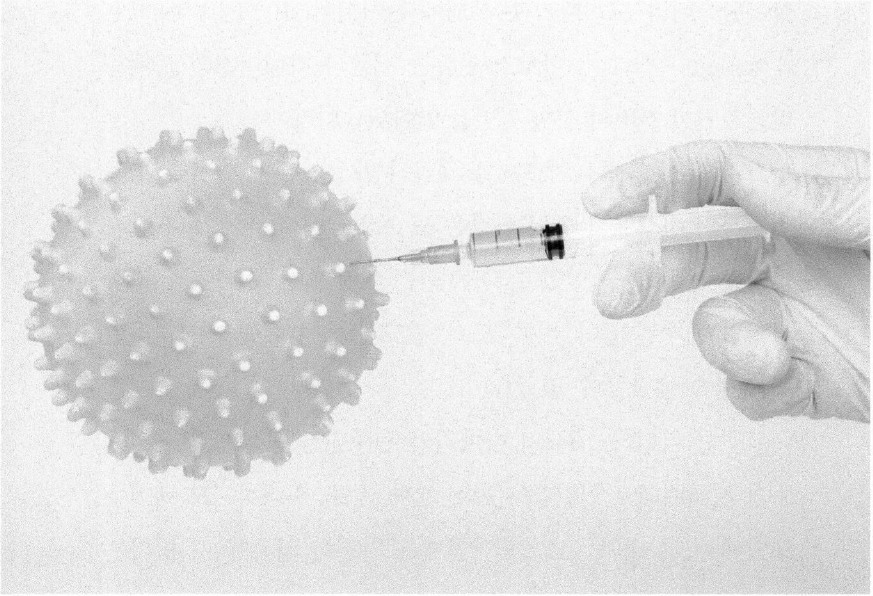

살아왔습니다. 그러다가 19세기에 들어서야(인류 역사에 비하면 불과 얼마 전의 일입니다!) 비로소 인류는 세균과 바이러스의 존재를 발견하면서 질병의 진짜 원인을 알아냈습니다.

그리고 항생제나 치료제를 개발하면서 인류는 마침내 모든 질병과의 전쟁에서 승기를 잡은 듯 보였습니다. 페스트나 말라리아를 치료할 수 있었고, DDT라는 살충제를 개발해 각종 감염병의 매개체인 이, 벼룩, 모기, 진드기 등의 해충을 제거하면서 질병을 예방할 수 있었습니다.

그뿐만 아니라 16세기 아메리카 원주민을 몰살시켰던 천연두와 시시때때로 인간을 괴롭힌 결핵, 수두, 홍역까지도 백신을 개발해 이겨 내며, 조만간 감염병을 완전히 정복할 수 있다는 희망을 품었습니다.

그러나 진화론적 적응의 관점에서는 인류나 세균이나 상황은 동등합니다. 인류가 개발한 백신은 세균과 바이러스에게 환경의 시련이 될 수 있습니다. 그런데 세균과 바이러스가 자신들에게 던져진 시련을 묵묵히 당하고만 있

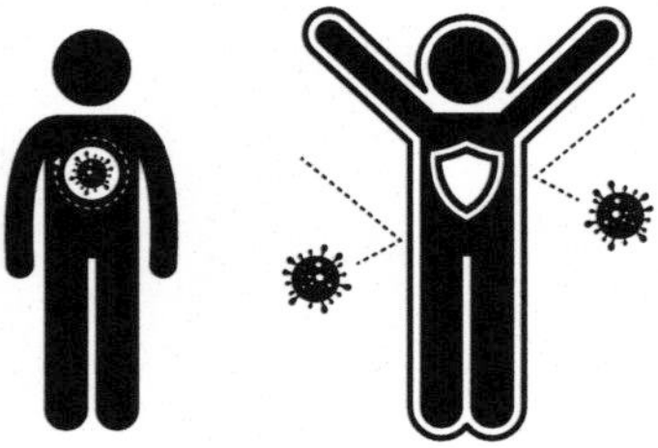

을 리 없죠. 인류가 그러했듯이 병원체들도 살아남기 위해 변화한 것입니다. 이처럼 생태계는 서로 살아남기 위한 경쟁으로 이루어집니다. 이 과정은 마치 나라 간의 군비경쟁과 비슷합니다. 성능이 더 좋은 무기를 만들고 장착해 상대편보다 우위에 서려는 경쟁 말입니다.

『침묵의 봄』이라는 책으로 환경문제의 심각성을 알린 레이철 카슨Rachel Carson은 인류가 이러한 군비경쟁에서 과연 이길 수 있겠느냐고 묻습니다. 카슨은 우리가 모기나 이를 잡으려 뿌렸던 살충제 DDT의 위험성을 경고합니다. 책 제목을 '침묵의 봄'이라고 지은 것도 사람들이 해충을 잡으려 무분별하게 뿌린 살충제가 익충까지 사라지게 했고, 그 결과 온갖 생명의 합창 소리가 들려야 하는 자연이 침묵하게 되었다고 경고하려는 의도였습니다.

살충제라는 환경의 시련에 대해 곤충들은 '내성'으로 맞섭니다. 이를 적응의 과정이라고도 볼 수 있습니다. 약을 아무리 많이 뿌려도 죽지 않는 바퀴벌레나 모기약이 통하지 않는 모기에 대해 들어 본 적이 있을 텐데요. 한동안 인류는 살충제를 통해 우리에게 병을 옮기는 곤충을 통제할 수 있다고 여겼습니다. 하

◉ 1952년 대서양에서 해양생물학 연구 중인 레이철 카슨(오른쪽).

지만 이때 곤충들도 가만히 손 놓고 기다리는 것이 아니라 살충제를 견딜 수 있도록 적응하고 진화합니다.

그렇다면 이제 우리는 어떻게 해야 할까요? 새롭고 더 강력한 살충제를 개발해야 할까요? 더 강력한 살충제는 과연 인류에게 '해충 전멸'이라는 궁극적인 승리를 안겨 줄까요? 아마 쉽지 않을 것입니다. 더욱 강력한 살충제는 해로운 곤충뿐만 아니라 꿀벌이나 인간에게도 위험한 독약이 될 테니까요. 그리고 곤충은 또다시 내성을 가지고 더 강력한 힘으로 인간을 향해 다가오겠죠.

사실 세계적으로 모기로 인해 사망하는 사람 수는 한 해에 70만 명 이상입니다. 세계보건기구가 인류의 건강을 위협하는 가장 위험한 생물체로 모기를 꼽았을 정도이니까요. 인류는 지난 수만 년 동안 모기와 싸워 왔지만, 아직도 그 싸움에서 제대로 승기를 잡지 못했습니다.

어떻게든 모기와의 대결에서 이기고자 하는 것은 환경에 적응하려는 인간의 노력이라 할 수 있겠죠. 하지만 카슨이 경고했듯이 그러한 방식의 노력이 과연 성공적인가 묻는다면, 다시 생각해 볼 일입니다. 모기 역시 인류가 변화시킨 지구환경에 나름대로 적응하는 중이기 때문이죠. 자연에서는 추위를 견디지 못하는 모기가 도시에서는 거뜬히 겨울을 날 수 있고, 다양한 이동 수단을 통해 아주 먼 지역으로 옮겨 갈 수도 있습니다. 더구나 인류가 지구 기온을 높이는 바람에 모기의 서식 환경도 더욱 확대되고 있습니다.

물론 인간의 노력도 계속됩니다. 살충제에 내성을 가진 모기가 늘어나자 최근에는 유전자를 조작한 수컷 모기를 자연에 방사하는 프로젝트를 진행했습니다. 유전자가 조작된 모기는 야생 모기와 짝짓기하더라도 수컷 모기만 정상으로 낳고, 사람 피를 빠는 암컷 모기는 낳지 못하거나 불임 모기를 낳습니다. 이 상태가 이어지면 모기의 멸종을 기대할 수 있겠죠. 하지만 모기가 이러한 인간의 도전에 또다시 적응하고 새롭게 진화할 가능성도 열려 있습니다.

생존과 진화를 위한 끝없는 군비경쟁에서 인간은 과연 모기를 이길 수 있을까요? 누구도 장담하지 못합니다. 우리의 희망과는 달리 인간에게 불리한 증거가 넘쳐 나니까요. '슈퍼박테리아'에 관한 이야기를 들어 본 적이 있나요? 인류가 개발한 어떤 항생제도 듣지 않는 박테리아 말입니다. 인류가 병원균을 잡을 항생제를 개발하자, 병원균은 항생제에 대한 내성을 가지고 더 강력한 균으로 진화합니다. 그 균을 잡기 위해 인류는 더욱 강력한 항생제를 개발합니다. 인간과 병원체 사이의 군비경쟁이 계속되는 것입니다. 그리고 언젠가는 이 경쟁도 한계에 다다르겠죠.

침묵이라는 자연의 경고

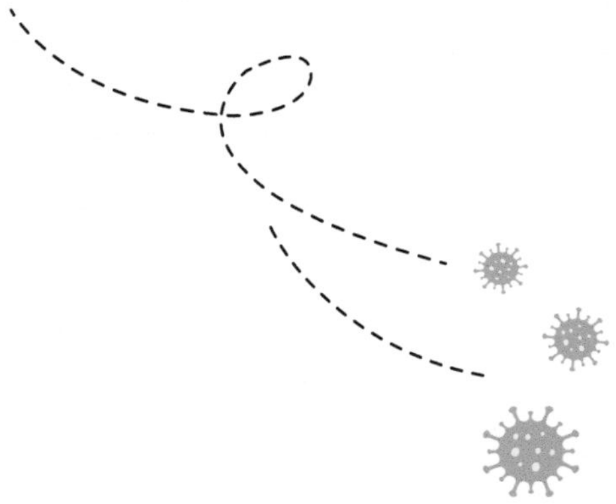

레이첼 카슨을 비롯해 많은 사람이 이제 우리가 생각을 바꾸어야 한다고 말합니다. 인류는 자연과 경쟁할 것이 아니라 공생해야 한다고요. 과도한 경쟁은 삶의 터전을 파괴할 수 있기 때문입니다. 두 나라가 군비경쟁을 하면, 상대국을 이기기 위해 점점 더 강한 무기를 개발하겠죠. 그 과정에서 한 나라가 핵폭탄을 가지면 상대편 나라도 핵폭탄을 찾을 테고요. 두 나라의 경쟁이 멈추지 않고 이어지면 어떻게 될까요?

어느 순간에는 누구도 통제하기 어려운 상황이 올 것입니다.

자칫 어느 한쪽에서 누군가 실수나 잘못된 판단을 하기라도 하는 날에는 우리 모두 한순간에 재앙을 맞겠죠. 실수든 오판이든 한쪽에서 핵을 발사하면, 다른 한쪽은 이것저것 따지고 생각할 겨를이 없을 것입니다. 곧바로 맞서 핵을 쏴 버리겠죠. 결국 생명이 숨 쉴 수 없는 텅 빈 대지만 덩그러니 남겨질 것입니다. 인류와 질병의 관계도 군비경쟁에 빗대어 보면, 파괴적인 결말을 예상하기 어렵지 않습니다.

인류가 병을 일으키는 세균이나 바이러스를 통제하려고 더 강력한 살충제나 항생제를 개발하는 것은, 어쩌면 두 나라가 서로 살아남기 위해 핵폭탄으로 경쟁하는 상황과 비슷합니다. 그렇다면 우리는 인간에게 질병을 안기는 세균이나 바이러스와 아예 경쟁하지 말아야 할까요? 병에 걸리면 걸리는 대로 앓거나 죽어야 할까요? 감염병에 걸려 고통받는 사람들은 그저 운이 없었을 뿐이니 운명을 받아들이라고 해야 할까요?

그렇게 말할 수는 없겠죠. 다만, 경쟁이 아니라 공생으로 생각을 바꾸면 그동안 보이지 않았던 새로운 길이 보일 것입니다. 이를테면 해충을 막으려 살충제를 뿌리는 대신 해충을 잡아먹지만 인간에게는 해를 끼치지 않는 천적을 이용하고, 세균을 잡으려 강력한 항생제에만 의존하기보다 가능한 한 세균에 노출되지 않도록 개인위생을 철저히 하며 건강한 음식을 먹고 운동도 열심히 해서 면역력을 기르자는 말입니다. 살충제는 모기뿐만 아니라 모기 유충을 잡아먹는 잠자리도 죽이고, 같은 모기지만 피를 먹지 않고 유충일 때는 도리어 다른 모기 유충을 잡아먹는 광릉왕모기까지 죽이니까요.

생태계는 커다란 공존 시스템입니다. 이 시스템에서 중요한 것은 균형이고, 그 균형을 잃으면 반드시 어딘가에서 문제가 생기기 마련입니다. 그리고 그 균형에 손을 댄 것은 다름 아닌 인간이죠. 계속해서 진화한 바이러스가 어느 순간 나타나 인간을 위협하는 데는 인간의 탓이 적지 않다는 말입니다. 코로나19 바이러스의 중간숙주● 인 박쥐가 인류에게 바이러스를 전달하는 역할을 하게 된 것은 돈에 눈이 먼 사람들이 박쥐가 살 수 있는 숲을 자꾸 없애 버렸기 때문입니다.

● 기생충이 성숙하기까지 몇 단계의 숙주를 거칠 때 마지막 숙주를 제외한 모든 숙주.

집을 잃은 박쥐는 본래 서식지가 아닌 사람들의 생활공간으로 떠밀리고 말았습니다. 오직 인간만을 주인공이라고 생각하는 태도, 생태계의 다른 모든 생명체를 별 볼 일 없는 조연으로

여기며 인간만이 자연의 시련을 극복한 히어로라고 생각하는 태도는 도리어 인류를 빌런으로 만들고 말 것입니다.

카슨은 우리가 자연을 많이 알면 알수록 자연과 공존할 수 있는, 좀 더 창의적이고 더 안전한 방법을 찾아낼 수 있다고 말합니다. 인류에게 피해를 준다고 해서 무작정 공격하고 박멸하려는 군비경쟁은 지구 생태계의 균형을 무너뜨려 더 큰 위험을 불러옵니다. 생태계는 오직 적군만이 존재하는 전쟁터가 아닙니

다. 인류를 이롭게 하는 동료들이 함께 살아가는 터전입니다. 나 혼자 편히 살겠다고 한곳에 사는 동료에게 해를 끼쳐서는 안 되겠죠. 때때로 불편을 주기는 하지만 우리가 살아갈 이 집을 함께 지켜 갈 동료들이니까요.

3장

인간 VS. 감염병

뉴 노멀,
일상이 된 낯선 풍경

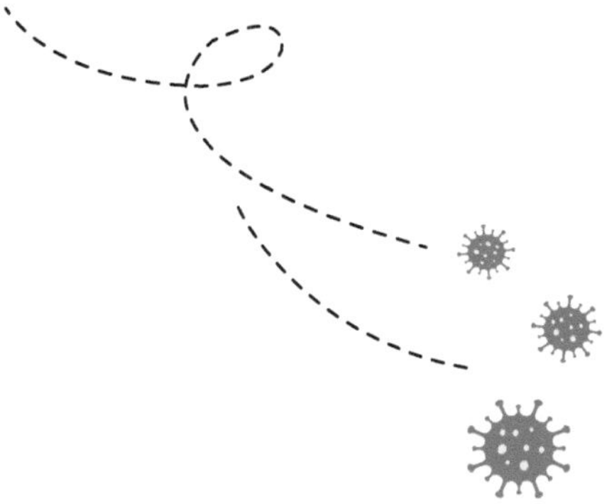

한겨울 찬 바람을 막고 봄날의 불청객 황사와 미세 먼지를 차단해 주는 마스크는 필요에 따라 가끔 찾아 쓰던 물건이었습니다. 그런데 코로나19 사태가 벌어진 뒤로 우리는 한여름에도 마스크를 써야만 했습니다. 마스크 없이는 아예 집 밖을 나설 수조차 없었죠. 더운 날씨에 마스크까지 쓰고 생활하자니 불편하고 짜증 나다가도 길에서 마스크를 쓰지 않은 사람과 마주치면 멈칫하게 되니, 참으로 희한한 일상이 아닐 수 없습니다.

마스크를 쓰고서라도 외출할 수 있다면 그나마 다행입니다.

자기도 모르게 확진자와 스치거나 동선이 겹치기만 해도, 아니 의심 환자와 같은 장소를 방문하기만 해도 보건 당국에 신고하고 바이러스 검사를 받아야 하죠. 또 검사 결과와는 상관없이 해외 입국자와 마찬가지로 일정 기간 자가 격리를 해야 합니다. 말 그대로라면 자발적으로 자신을 격리하는 일일 텐데, 자가 격리 수칙을 위반하면 벌금 등의 처벌을 받거나 심한 경우에는 구속되기도 합니다.

자가 격리 시설이나 자기 집에 14일간 격리되는 것은 생각보다 쉬운 일이 아닙니다. 위치 추적 같은 보건 당국의 관리를 피하려 휴대전화를 집에 놓고서 무단 외출해 사람들을 만나고 다니거나, 심지어 그새를 못 참고 몰래 여행까지 다녀온 사람도 적지 않았으니까요. 물론 정부가 시민의 휴대전화에 접근해 위치 정보를 수집하거나 일상을 감시하는 상황이 개인의 자유를 침해한다는 문제 제기도 있지만, 팬데믹 상황에서는 자가 격리 위반을 국민 건강을 위협하는 행위로 여겨 법적 처벌을 할 수 있습니다.

이른바 K-방역이 세계적으로 주목받을 만큼 원활히 진행된 이유가 100일 동안 동굴에서 마늘과 쑥만 먹으며 자가 격리(?)를 했던 단군의 후손이어서라는 우스갯소리가 온라인을 떠돌기도 했습니다. 단군신화에서 오로지 사람이 되기만을 기다리며 마늘과 쑥을 먹던 곰과 호랑이 중 호랑이는 참지 못하고 중간에 도망치는데, 그 심정을 충분히 이해하는 사람도 상당수였을 것입니다.

코로나19 감염병이 우한 폐렴• 이라는 이름으로 그 위험성이 처음 알려졌을 때, 이미 상황을 제어할 수 없었던 중국 당국이 내린 특단의 조치는 도시 우한을 폐쇄하는 것이

• 코로나19 감염병은 중국 우한에서 처음 발발해 초기에는 '우한 폐렴'으로 불렸으나 지역 혐오를 불러일으킬 수 있다는 세계보건기구의 판단에 따라 정정되었다.

었습니다.

중국의 중심부 후베이성에 속하는 우한의 인구는 약 1100만 명으로, 우리나라 전체 인구의 5분의 1이며 서울시 인구를 훨씬 웃돕니다. 2020년 1월 23일, 명절을 맞아 우한 인구의 절반 정도가 고향으로 떠난 상황에서 갑자기 봉쇄 명령이 내려집니다. 중국은 우한과 외부를 연결하는 모든 교통을 차단했는데, 이러한 조치는 후베이성 내 다른 도시들로까지 확대되었습니다.

감염병 확산을 막기 위해 불가피한 선택이었다고 하지만, 봉쇄 당시 우한은 그야말로 지옥과 다름없었을 것입니다. 봉쇄된 도시에 남아 있던 사람들은 세상으로부터 버려졌다는 절망과 감염에 대한 공포로 끔찍한 시간을 보냈을 테니까요. 중국 국가위생건강위원회 발표에 따르면, 2019년 12월에 코로나19 감염병이 발생해 도시를 봉쇄하기까지 우한의 코로나 누적 확진자는 약 5만 명, 후베이성 전체 누적 확진자는 약 6만 7800명에 이르렀고 사망자는 3160명이었습니다.

대략 600만 명의 비감염자들이 있는데 두 달이 넘도록 도시를 봉쇄했다는 사실은 너무나 충격적입니다. 그 시간 동안 우한 시민들이 감당해야 했던 고통과 공포는 SNS를 통해 전 세계로

◉ 2020년 1월 말부터 4월 초까지 76일간 봉쇄령이 내려졌던 중국 우한시.

알려졌습니다. 경험하지 않은 사람은 상상조차 하기 어려운 일이었죠. 게다가 이러한 상황은 '우한 ‖ 코로나바이러스 ‖ 중국인'이라는 등식을 만들어 냈고, 세계 곳곳에서 중국인 혐오, 나아가 한국인까지 포함하는 아시아인 혐오를 일으켰습니다. 중국인 또는 아시아인에게 코로나바이러스의 '원인'이란 낙인을 찍는 일종의 마녀사냥이 일어난 것이죠.

사실 감염병 차단을 위한 봉쇄 또는 사회적 낙인과 격리는 아주 오랜 역사가 있습니다. 대표적으로 구약성경에도 등장하는 나병, 지금은 한센병이라 부르는 감염병 환자들의 격리가 있었죠. 병에 대해 아는 바가 없다 보니, 큰 죄를 저지른 벌로 병을 앓는다고 착각하며 한센병 환자를 격리해 왔던 역사는 수천 년에 이릅니다. 그리고 이러한 상황은 전 세계 어디에서나 마찬가지였습니다.

우리나라도 예외는 아니었습니다. 조선 세종 때 한센병 환자를 특별 관리했던 기록을 보면, 이들을 '문둥이'라고 부르며 특정 지역에 격리 수용한 역사가 족히 500년은 넘어 보입니다. 지금은 우리나라가 한센병 발병률이 낮은 저위험 국가라 격리 치료를 하지 않지만, 전라남도에 있는 소록도란 섬에는 오랜 시간 사회에서 격리되어 살았던 한센병 환자들의 고통과 상처가 고스란히 기록되어 있습니다.

누구를 위한 격리인가?

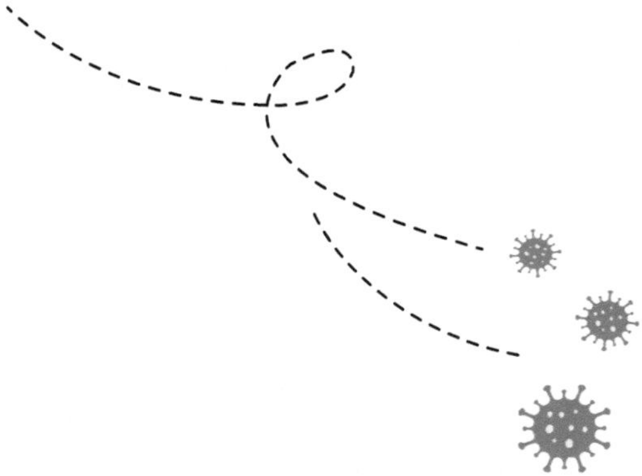

역사상 가장 유명한 감염병은 앞서 이야기했던 페스트, 일명 흑사병입니다. 감염되어 상태가 악화되면, 내출혈이 일어나 피부가 검게 변해서 흑사병이라는 이름이 붙었죠. 페스트는 오랜 세월 인류를 괴롭혔지만, 특히 14세기에 유럽을 휩쓸면서 어마어마하게 많은 희생자를 낳았습니다. 통계에 따라 다르기는 하지만, 당시 유럽 전체 인구의 3분의 1 이상이 희생되었으니까요. 중세를 종식한 원인 중 하나로 페스트를 꼽을 정도입니다.

페스트로 황폐해진 유럽은 새로운 시대를 맞습니다. 르네상

스와 종교개혁 등의 변화가 유럽을 새 시대로 이끌었는데, 이를 '포스트페스트'라고 말할 수도 있겠네요. '포스트코로나'라는 말도 어쩌면 페스트가 이끈 새로운 시대에 대한 역사적 경험 때문에 생긴 것인지도 모르겠습니다.

당시 사람들은 페스트의 원인이 무엇인지 전혀 몰랐기에 신의 노여움이나 악마의 저주로밖에는 이 병을 설명할 수 없었어요. 그래서 사회적 약자들을 희생양으로 삼아 마녀사냥을 하기도 하고, 유대인과 같은 이민족에 대한 음모론이 유행해서 많은 사람이 억울하게 목숨을 잃었죠. 그 모든 일이 감염병에 대한 무지로 벌어졌습니다. 그로부터 수백 년이나 지난 21세기에조차 여전히 가짜 뉴스를 믿고 특정 지역이나 국가의 사람들을 혐오하는 일이 벌어지는 것을 보면, 과연 우리가 어느 시대를 살고 있는가 하는 의문이 들기도 합니다.

페스트는 주로 설치류에 기생하는 벼룩이나 이가 인간에게 옮기는 질병이라고 했죠. 따라서 페스트 발병은 위생 문제이기도 하다고요. 이처럼 위생은 감염병의 발생에 커다란 영향을 끼

치지만, 과거에는 이에 관한 지식이나 공중위생을 강화할 만한 사회적 여건이 마련되어 있지 않아 페스트에 취약할 수밖에 없었습니다. 그나마 할 수 있는 조치가 격리였고, 실제로 격리는 효과를 발휘하기도 했습니다.

예컨대 중세 이탈리아는 페스트 환자를 한센병 환자를 격리한 장소에 격리하고 통제했습니다. 또 여러 유럽 국가가 페스트가 유행하는 지역에서 오는 물자나 사람들을 격리했는데, 그 기간이 40일이었습니다. 오늘날 '격리, 검역'을 뜻하는 영어 'quarantine'은 바로 이 40일간의 격리 기간에서 유래한 말이기도 합니다.

자, 여기서 격리가 어떤 의미인지 한번 생각해 보겠습니다. 코로나19 사태를 통해 우리는 격리가 방역에서 얼마나 중요한지 잘 알게 되었습니다. 한편으로는 지키지 않으면 법적 처벌까지 받는 강제 조치이기도 하니까요. 그런데 그 격리가 과연 누구를 위한 것일까요? 또 바로 내가 격리되는 당사자라면 어떤 생각이 들까요?

한때 하늘의 벌을 받은 것이라 여겨진 한센병은 인류에게 오래도록 커다란 재앙이었습니다. 고대는 물론 중세에도 한센병 환자가 적지 않았죠. 오늘날 인류는 한센병을 통제할 수 있는 수준에 있지만, 과거에 한센병은 통제할 수 없는 질병이었습니다. 게다가 병의 원인도 모르고 전염력도 강했기에 환자의 격리가 유일한 방법이었고 효과도 있었어요. 페스트에 걸린 사람이 있는 집이나 마을을 폐쇄하고 환자들을 격리했던 조치도, 한센병 환자들을 마을 밖으로 추방하고 그들의 터전을 격리했던 경험에서 비롯한 것이었습니다.

하지만 이때 환자들을 격리한 목적은 치료가 아니라 공동체 보호였습니다. 말하자면 전체를 위해 소수를 희생시킨 것이죠. 한센병 환자뿐만 아니라 그들의 가족, 심지어 한센병에 걸리지 않은 어린 자식들까지도 격리 대상이었습니다. 그들 모두가 특정 지역이나 섬에 격리된다는 것은 그곳에서 다 같이 죽음을 기다리라는 공동체의 명령이나 다름없었습니다. 만약 오늘날의 사회가 그렇게 환자들을 가두고 내버려 둔다면 끔찍한 인권침해라고 지탄받겠죠.

프랑스 철학자 미셸 푸코Michel Foucault는 이러한 격리가 어떤 의미인지 들추어냅니다. 인류의 역사적·문화적 전통에서 격리는 병자를 가두어 놓음으로써 정상인과 비정상인을 가르는 상

징이라고 말입니다. 감옥과 마찬가지라는 뜻이죠. 감염병은 하늘의 벌이 아닙니다. 환자가 죄를 저질러 병에 걸린 것도 아닙니다. 그들도 누군가에게서 감염되었다는 사실을 생각하면 모두가 희생자입니다.

격리가 공동체를 보호하기 위한 희생이라는 점도 기억할 필요가 있습니다. 그렇기에 감염된 사람들을 마치 공동체를 위협하는 사람들로 보거나 뭔가 잘못해서 사회에 피해를 주는 사람으로 비난하는 것은 매우 위험한 일입니다. 병의 원인을 몰라서 저질렀던 과거의 잘못을 반복하는 것이죠. 물론 위생을 소홀히 관리하거나 마스크를 쓰지 않는 등의 행동으로 자기 자신은 물론 공동체까지 위험하게 만드는 행동은 비난받아 마땅하겠지만요.

역학조사를 탄생시킨 콜레라의 비밀

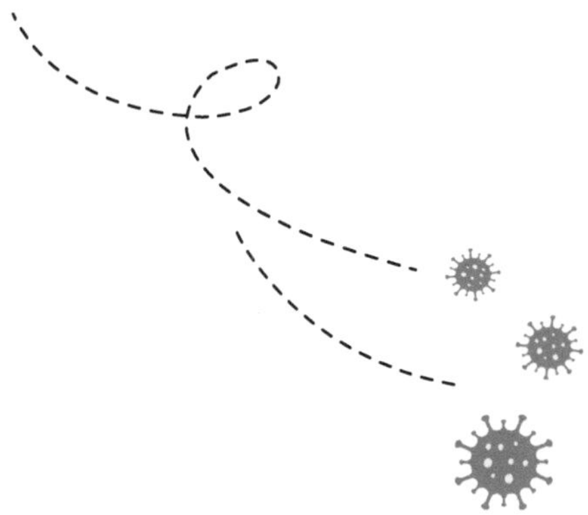

아직 감염병의 원인을 모르던 시절, 공중의 보건 위생이 감염병 문제에 중요한 역할을 한다는 사실을 알게 된 계기가 있었습니다. 바로 콜레라였죠. 주로 오염된 물을 통해 감염되는 이 병 역시 페스트 못지않게 인류에게는 커다란 도전이었습니다.

콜레라와 관련해서 우리가 기억해야 할 인물은 영국의 존 스노John Snow입니다. 여러분도 감염병 뉴스에서 '역학조사●'라는 말을 종종 들어 보았을 텐데요. 스노는 역학조사의 역사에서 매우 중요한 분기점이 된 일을

● 감염병의 발생 원인과 특성을 밝히는 일.

◉ 1850년대 런던에 창궐한 콜레라 사태를 표현한 삽화.

했습니다.

1854년, 영국의 런던 소호에서 콜레라 사망자가 급격하게 늘어납니다. 콜레라가 유럽을 휩쓸던 시점이었죠. 처음에 사람들은 콜레라가 오염된 공기 때문에 발병했다고 생각했습니다. 고대 그리스어 미아즈마miasma는 음식물이나 동물이 부패해서 나는 냄새 등의 '나쁜 공기'를 뜻하는데, 이를 병의 원인으로 본 것입니다. 유럽만이 아니라 동양에서도 이러한 생각이 널리 퍼져 있었어요.

미아즈마 가설은 1880년대 이후에는 근거 없는 이론으로 판명되어 역사에서 사라집니다. 감염병의 진짜 원인인 박테리아 같은 미생물을 발견한 덕분이었죠. 다른 한편으로는 스노의 콜레라 연구도 그와 같은 발전에 이바지합니다.

스노는 콜레라 연구를 하면서 소호 지역에서 사망자가 발생한 곳을 점으로 표시해 보았습니다. 그러다가 유독 브로드 스트리트의 한 지하수 펌프를 중심으로 사망자가 발생했다는 사실을 알게 되었어요. 여기서 바로 스노의 '신의 한 수'가 등장합니다. 그는 시의원들을 설득한 뒤 그 지하수 펌프의 손잡이를 없애 버렸어요. 사람들이 지하수를 이용하지 못하게 한 것이죠. 그러자 콜레라는 수그러들기 시작했습니다. 엄밀히 말해 스노의 대처가 런던 전체의 콜레라를 잠재운 것은 아니었지만, 그 덕분에 사람들은 콜레라가 나쁜 공기가 아니라 겉으로 깨끗해 보이지만 실제로는 오염된 물을 통해 퍼진다는 사실을 알게 되었죠.

당시 유럽 대도시들의 위생 상황은 열악하기 짝이 없었습니다. 산업혁명이 진행되면서 수많은 사람이 도시로 몰려들었는데, 대부분이 농지를 잃어 쫓겨난 빈민들이었습니다. 그런데 도시는 몰려드는 사람들을 감당할 수 있는 상태가 아니었습니다. 좁은 해변에 수많은 사람이 모여 쓰레기를 버리며 산다고 생각해 보세요. 당시 유럽의 도시들이 그러한 상황이었습니다. 제한된 공간에 사람들이 모여들다 보니 생활환경의 질이 떨어질 수밖에 없었어요.

가진 것 없는 사람들이 모여 사는 빈민촌은 상수 시설은 물론이고 하수처리도 제대로 되지 않는 곳이 많았는데, 런던의 소호 지역도 마찬가지였죠. 그러니 콜레라와 같은 수인성 질병• 이 발병하자 더욱 큰 피해를 보게 된 것입니다. 유럽은 수많은 희생자를 낸 콜레라 사태를 계기로 비로소 도시의 위생 환경을 개선하기에 나섭니다. 상하수

• 물이나 음식물에 들어 있는 세균에 의해 전염되는 병.

◉ 존 스노가 만든 콜레라 발생 통계 지도, 1854년. 표시된 부분이 스노가 발견한 지하수 펌프의 위치이다.

도 시설을 정비하고, 오염된 지역이 생기지 않도록 관리하기 시작한 것이죠. 인류는 그렇게 또 하나의 고비를 넘깁니다. 엄청난 대가를 치르고서야 말이에요.

코로나19와 같이 전염성이 강한 감염병의 경우 사람들이 밀집한 공간은 특히 위험할 수밖에 없습니다. 그래서 될 수 있는 대로 사람 간의 접촉을 피하는 사회적 거리두기와 손 씻기나 손 소독과 같은 개인위생이 중요합니다. 물론 개인위생만으로는 부족합니다. 주변 환경의 위생을 함께 개선해야겠죠.

제1 병동과 제2 병동의 수수께끼

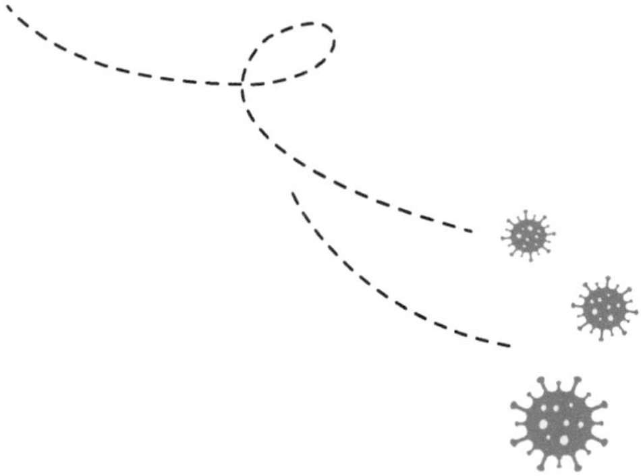

위생과 관련해 이야기를 더 하자면, 여러분은 코로나19 사태를 통해 시민의 건강을 지키려 애쓰는 의료진의 헌신을 보았을 것입니다. 사스나 메르스 사태 때도 마찬가지였죠. 의료진과 방역 당국은 감염병과의 전쟁터에서 최전선에 선 사람들입니다. 다시 말해 위험에 가장 노출된 이들이죠.

이들은 무더운 여름에도 방호복을 입어야 합니다. 방호복은 오랜 시간 입고 있기에 힘들고 거추장스럽지만, 의료진 스스로는 물론 환자나 다른 사람들을 보호하는 수단입니다. 코로나

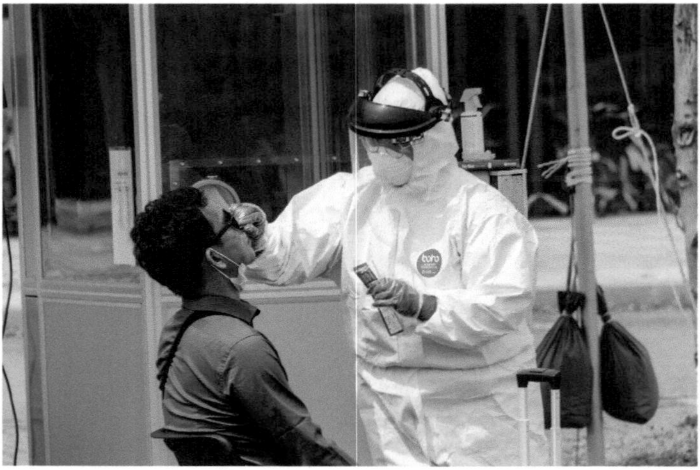

19와 같은 감염병은 환자를 치료하는 의료진을 매개로 확산될 수도 있기 때문입니다. 물론 그 과정에서 가장 먼저 희생되는 사람 역시 의료진 당사자들이겠죠.

1846년, 헝가리의 이그나즈 제멜바이스Ignaz Semmelweiss는 오스트리아의 한 산부인과 병원에 레지던트로 취직합니다. 이곳에서 제멜바이스는 흥미로운 사실을 마주하는데요. 당시 유럽에서는 많은 산모가 아기를 낳는 과정에서나 출산 직후에 산욕열이라는 감염병으로 생명을 잃었습니다. 제멜바이스가 근무한 병원도 예외는 아니었는데, 이상한 점은 유사한 환경의 두 병동 중에서 유독 제1 병동에 감염 사망자가 많았다는 것입니다. 당시 환자들까지도 그 사실을 알게 되어 어떻게든 제1 병동에 입원하는 것을 피하려 했다고 해요.

제멜바이스는 그 원인을 알아내고자 연구에 나섭니다. 그는 여러 가지 가설을 세우고 이것저것 조사해 보았지만, 성과가 없었습니다. 제1 병동에는 의사와 레지던트 등 의료진이 많았고 제2 병동에는 조산사가 많았는데, 오히려 감염 사망자는 제1 병동에 집중되는 상황이었죠. 심지어 제멜바이스는 제2 병동에서 산모들에게 옆으로 누워 있기를 권하는 것을 보고, 제1 병동의 산모들도 옆으로 눕게 했지만 사정은 달라지지 않았어요.

그러던 어느 날 제멜바이스는 결정적인 단서를 찾습니다. 같이 일하던 의사 한 명이 산욕열 증상으로 사망했는데, 조사 결과 후배 의사들을 교육하는 과정에서 해부용 메스에 상처를 입어 감염되었음을 알게 되었죠. 제1 병동에서는 의사 교육이 있었지만, 제2 병동에서는 의사 교육이 없었습니다. 해부 실습 등이 이루어지던 제1 병동은 감염을 일으키는 원인이 곳곳에 널려 있었던 것이죠. 게다가 당시의 의료 지식으로는 감염 원리를 이해하지 못해서 수술 도구는 물론이고 의사들 손을 소독할 생각을 하지 못했어요.

감염과 사망 경로를 파악한 제멜바이스는 모든 의료진에게 산모를 진료하기 전에 반드시 손을 소독할 것을 권했습니다. 하지만 병원은 제멜바이스의 의견에 동조하지 않았죠. 병의 감염이 나쁜 공기(미아즈마) 때문이라고 믿던 시절이었으니까요. 그래서 의사가 환자를 수술하다가 손을 씻지도 않고 또 다른 환자를 수술하는 일이 일상적이었어요. 가뜩이나 시간도 없고 물자도 모자라는 판에 환자를 볼 때마다 일일이 손을 씻고 소독하고, 의료 도구를 소독하는 일은 번거롭고 힘들었을 테니까요.

의학 드라마를 보면 의사가 환자를 진료할 때마다 매번 의료장갑을 바꿔 끼고 수술 전후에 손을 꼼꼼하게 소독하는 장면이 나옵니다. 지금은 당연한 일이 19세기만 해도 전혀 그렇지 못했던 것이죠. 나중에야 제멜바이스의 의견이 옳았다는 사실이 밝혀지고, 의료진과 의료 장비의 청결을 철저히 관리하면서 제1 병동과 제2 병동의 수수께끼가 풀렸습니다.

● 자신의 감염 이론을 배척하는 의료계와 맞서던 제멜바이스는 1865년 정신병원에 갇혀 생을 마감했다.

인류가 감염의 원리를 알게 된 시기가

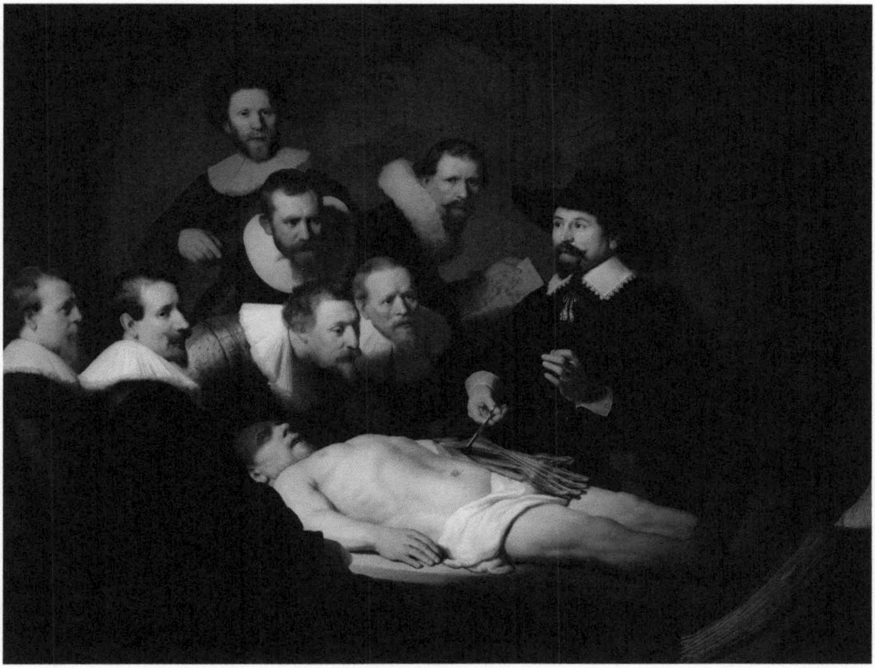

◉ 렘브란트 판 레인, 〈니콜라스 튈프 박사의 해부학 강의〉, 1632년.

200년도 채 안 되었다는 사실은 좀 놀랍죠? 외출했다가 돌아오면 비누로 손을 30초 이상 씻거나 손 소독제를 사용하고, 의료진은 방호복을 입어 자신과 환자를 감염에서 보호하는 오늘날의 실천이 바로 제멜바이스가 생각했던 해법이었죠.

코로나19 사태가 일어난 뒤 여러 가지 힘들고 불편한 점도 많았지만, 그사이 개인위생 관념이 높아지고 사람들이 손을 자주 씻으면서 오히려 배탈이나 식중독 같은 다른 감염병의 발병률이 현저하게 떨어졌다고 합니다. 팬데믹을 극복한 뒤 우리 일상에 자리 잡을 개인위생 관념은 감기와 같은 다른 감염병의 발병과 확산을 막는 데 큰 역할을 하게 될 것입니다.

백신, 본격적인 싸움의 시작

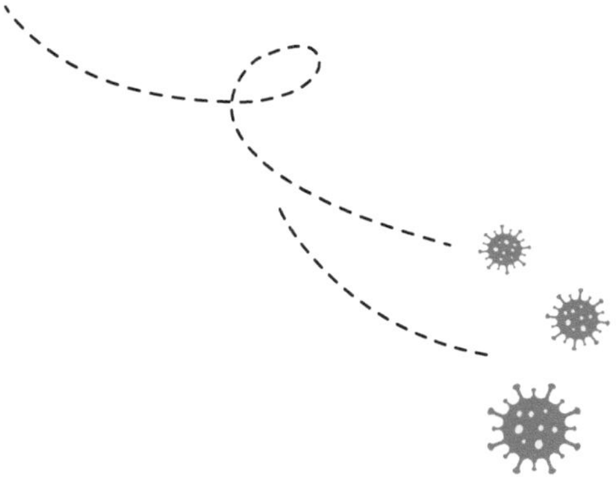

공중 보건 체제와 개인위생 관념은 인류가 오랜 세월 동안 커다란 대가를 치르고 얻은 지식으로, 모두 병을 '예방'하는 방법입니다. 당연히 병에 걸려서 고생하다 낫기보다 아예 병에 걸리지 않는 편이 더 좋겠죠. 병을 예방하려면 어떤 방법이 가장 좋을까요?

무엇보다 좋은 방법은 질병에 대해 면역력을 가지는 것입니다. 우리 몸은 늘 전쟁터와 같다고 했죠. 몸에 들어온 병원체와 싸워서 이기려면, 평소에 운동을 열심히 하고 균형 잡힌 식사를 해서 면역력을 키워야 합니다. 그래야 우리 몸의 방어 체계가 '어벤져스'처럼 몸에 쳐들어오는 빌런인 병의 원인균을 물리칠 수 있으니까요.

생태학적 관점에서 보면, 어떻게든 숙주에 기생해야 하는 병원체와 우리 몸의 면역 체계는 공격과 방어 관계에 있습니다. 방어하는 쪽이 공격을 제대로 막아 내지 못하면 질병에 걸리죠. 따라서 우리 몸의 방어 체계를 튼튼히 하는 것이 질병과의 전투에서 가장 중요합니다.

1796년 영국의 의사 에드워드 제너Edward Jenner가 예방접종으로 천연두를 퇴치하면서 인류는 감염병과의 전투에서 획기적인 전략을 마련하는데요, 바로 백신의 발명이었습니다. 당시 천연두는 아주 흔하면서도 위험한 바이러스 감염병이었어요. 발진이 일어나고 물집이 잡히다가 병이 악화되면 목숨을 잃는 무서운 병이었죠. 살아남더라도 얼굴을 비롯한 온몸에 흉측한 상처가 남았습니다. 프랑스 왕 루이 15세도 천연두로 사망했고, 영국의 왕위 계승과 관련한 정치사에도 천연두가 큰 변수가 되었죠.

시골 의사였던 제너는 축사에서 일하는 사람들이 천연두에

◉ 에드워드 제너는 인류를 위협하던 감염병 천연두의 퇴치에 크게 기여했다.

걸리지 않는다는 사실을 우연히 알게 되었습니다. 그중에는 예전에 우두를 앓은 사람이 많았는데, 우두는 천연두처럼 바이러스가 일으키는 소의 감염성 질병이었죠. 제너는 우두를 앓고 나면, 인체가 비슷한 바이러스인 천연두에 대해 방어(면역) 체계를 갖춘다는 사실을 알아차렸습니다.

그래서 제너는 정원사의 아들 제임스에게 가벼운 우두균을 접종하는 실험을 합니다. 그리고 우두를 가볍게 앓은 제임스에게 천연두바이러스를 주사합니다. 아찔하고 위험한 인체 실험이었던 셈입니다만, 어쨌든 다행히도 제임스는 천연두에 걸리지 않았습니다. 최초의 백신 임상 시험이 성공한 것입니다. 이렇게 제너는 인류에게 감염병에 대처하는 새로운 지식과 도전의 길을 열어 주었습니다.

오늘날 우리가 홍역이나 디프테리아, 소아마비 같은 질병의 두려움에서 벗어날 수 있는 것은 어릴 때 맞는 백신 덕분입니다. 또 날씨가 추워지면 단골손님처럼 찾아오는 인플루엔자나 독감의 피해를 줄이는 것도 모두 백신이 해내는 일이죠. 여러분도 겨울철이면 독감 예방주사를 맞아 본 경험이 있을 거예요.

예방의학의 발전은 인류가 감염병을 새로운 관점으로 볼 수 있게 했습니다. 감염병의 공격에 언제나 수동적으로, 때로는 속수무책으로 당하는 게 아니라 그 병을 통제할 힘을 가지게 해주었으니까요. 게다가 한 공동체에서 감염병이 발생했을 때 그 병에 면역이 있는 사람의 수가 많을수록 면역력이 없는 사람들이 감염될 확률은 낮아집니다. 이를 '집단면역'이라고 하는데, 면역력을 가진 사람들이 아직 면역력을 가지지 못한 사람들을 보호하는 안전지대 역할을 하기 때문이죠. 병을 옮기는 세균이나 바이러스가 면역력이 있는 사람을 감염시키지 못하고 그 사람에게서 소멸하기 때문에 공동체 전체에 병이 퍼질 확률이 급격히 줄어드는 것입니다.

따라서 백신을 개발하고 그 백신을 통해 면역력을 가진 사람들의 수가 늘어나면 질병을 통제할 수 있습니다. 바이러스 감염병이 발생할 때마다 전 세계가 백신 개발에 매달리는 이유도 바로 이 때문입니다.

4장

감염병이 바꾼 세상, 모두의 안녕

국경 없는 감염병, 국경 없는 세계보건기구

페스트가 중세의 막을 내린 뒤 포스트페스트, 즉 페스트 이후의 유럽에서는 르네상스 시대가 열립니다. 르네상스는 쉽게 말해 유럽의 문화가 종교 중심에서 인간 중심으로 '다시 태어났다'라는 의미입니다. 이탈리아를 시작으로 유럽 전역에서 문학, 철학, 음악, 미술, 건축 등의 문화가 르네상스라는 이름으로 찬란하게 꽃핍니다.

르네상스가 새로운 인간의 시대를 열었듯이, 18세기 에드워드 제너의 천연두 백신 접종은 역사상 최초로 의료 활동이 인

구 성장에 현저하게 이바지한 사례가 되었습니다. 그리고 이때부터 본격적으로 백신 기술이 유럽을 비롯해 전 세계로 보급되기 시작했어요. 신대륙 북아메리카의 작은 도시뿐 아니라 러시아, 중국 그리고 포르투갈 상인을 통해 필리핀에 이르기까지 말이죠.

유럽 의사들과 보건 요원들은 본격적으로 감염병과의 경쟁을 벌였고, 1880년대부터는 각종 질병을 일으키는 병원균을 찾아내며 연구함으로써 질병을 예방하고 치료하는 성과를 얻기 시작합니다. 이를테면 신약을 합성하거나 면역 주사를 개발했고, 새로운 위생법을 고안했으며, 감염병의 감염 경로를 파악해 차단하기도 했죠. 무엇보다 놀라운 사실은 도시와 국가 단위로 감염병 대책을 지원하는 국제기구가 세워진 것입니다.

나폴레옹전쟁은 유럽 역사상 유례가 없었던 격렬한 전쟁이었습니다. 그런데 이 전쟁의 전사자 수가 당시 유행한 발진티푸스, 콜레라, 천연두 같은 감염병으로 인한 군인 사망자 수보다 훨씬 적었습니다. 군인이 전쟁에서 싸우다가 죽기보다 감염병으로 더 많이 죽어 나간 것입니다. 이를 계기로 프랑스는 군대 내에 군용 병원과 의학교를 설치합니다. 나아가 근대적 형태의 의무대를 창설하기도 했죠.

프랑스뿐 아니라 영국과 독일의 지배층도 군인들의 체력과 건강을 지키려 노력했습니다. 이러한 군사의학이 성과를 얻기 시작하면서 국민의 체력이 곧 국력이란 인식이 확대되어 폭넓은 공중위생 프로그램이 제도화되었죠. 코로나19로 인한 팬데믹 상황이 현대의 경제, 정치, 문화, 종교 등을 과거와 다르게 변화시키고 있듯이, 18세기 유럽 사회도 페스트의 경험을 바탕으로 변화한 것입니다. 감염병이 광범위하게 퍼지기 시작하면 이

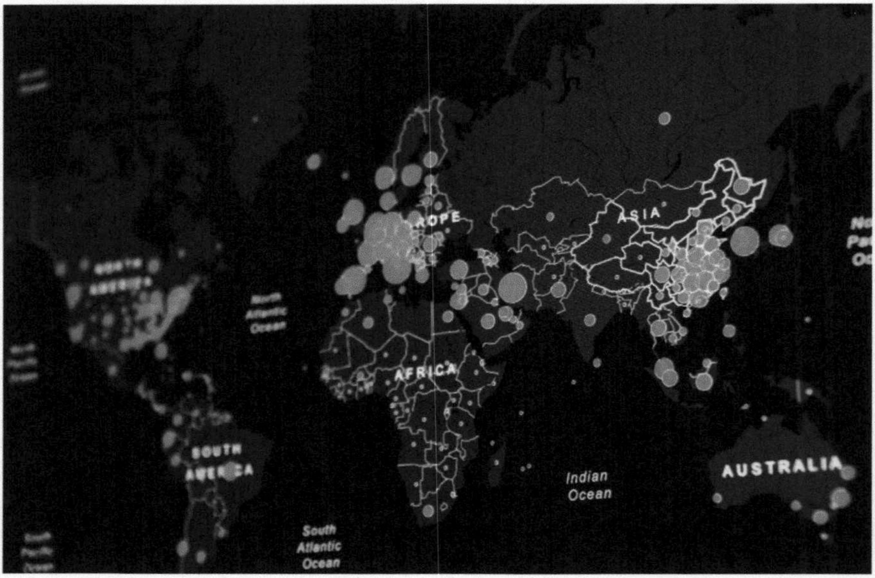
ASIA
AFRICA
AUSTRALIA
Indian
Ocean
South
Atlantic
Ocean

는 어느 한두 나라의 문제가 아니라는 경험에서 얻은 지혜 덕분에 여러 나라가 힘을 합쳐 백신과 치료제를 개발하기에 이릅니다. 이 공동의 성과를 효율적으로 현실에 적용하고 효과적으로 관리하기 위해서는 범국가적인 국제기구가 필요했습니다.

역사상 공식적인 첫 국제 보건 기구는 1909년 프랑스 파리에서 창설된 국제공중위생국입니다. 감염병이 한번 퍼지면 국경이 따로 없다는 사실을 500년이 넘는 세월 동안 뼈아프게 경험했기에 국제공중위생국은 유럽 각국에 공통으로 적용할 수 있는 위생 수칙과 검역 제도를 확립했습니다. 그리고 두 번의 세계대전을 치르고 나서, 1948년에 지금의 세계보건기구가 출범했습니다.

세계보건기구는 각국 정부에서 상당한 지원을 받아 그동안 인류를 괴롭혀 온 감염병의 세계적인 발생 현황에 대한 자료를 모으고, 그때그때 당면하는 감염병의 퇴치 사업을 벌이는 동시에 상대적으로 낙후된 지역의 행정 당국과 협력해 최신 의학의 혜택을 고루 나누려 노력해 오고 있습니다. 팬데믹에 처한 우리가 국내 상황뿐만 아니라 세계 곳곳의 상황을 확인하며, 세계보건기구와 협력하고 질병관리본부의 통제를 받는 것처럼 말이죠.

백신의 황제와 트럼프

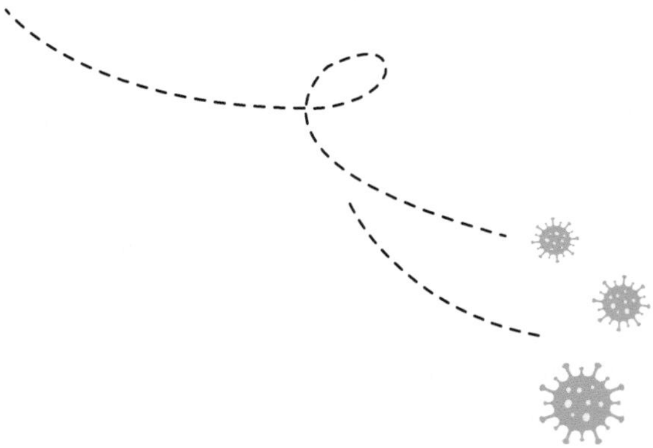

세계보건기구의 공식적인 설립 목적은 "세계의 모든 사람이 가능한 한 최고의 건강 수준에 도달하는 것"입니다. 하나의 문장이지만 어찌 보면 두 마리 토끼를 한 번에 잡아야 한다는 내용이죠. 그러니까 '가능한 한 최고의 건강'이란 혜택을 '세계의 모든 사람'에게 공평하게 나누어 주려면, 한편으로는 끊임없이 인류를 공격하는 새로운 질병을 예방하고 치료하기 위한 연구가 진행되어야 하고, 다른 한편으로는 그 혜택을 나누기 위한 활동이 진행되어야 한다는 뜻입니다.

또 이와 같은 연구와 활동을 병행하는 데 막대한 비용이 들어가기 때문에 회원국들의 지원은 물론, 각국의 기업과 민간단체의 기부가 필요합니다. 당연히 세계보건기구 수장인 사무총장의 역할이 매우 중요하겠죠. 특히나 코로나19 사태처럼 낯선 바이러스의 공격 앞에 백신도 치료제도 없는 팬데믹이 갑자기 벌어지면 문제가 매우 복잡해집니다. 질병 앞에서는 국경도 인종도 구분이 무의미하기에 세계보건기구 수장의 리더십이 더욱 필요합니다.

세계보건기구의 역대 사무총장 중에서 강력한 리더십 하면 단연 손에 꼽히는 인물이 있는데, 바로 '아시아의 슈바이처', '백신의 황제'라 불린 이종욱• 총장입니다.

2003년 한국인으로서는 최초로 세계보건기구 사무총장에 선출된 이종욱 총장은 한센병, 소아마비, 결핵, 에이즈 등으로 고통받는 저개발국 사람들에게 백신과 치료제를 공급해 유병률•• 을 극적으로 떨어뜨렸습니다. 이종욱 총장이 이러한 활동과 연구에 필요한 비용을 마련하기 위해 빌 게이츠를 비롯한 전 세계 유명 인사

• 세계보건기구 사무총장으로 3년간 재임했으며, 2006년 세계보건기구 총회 준비 중 뇌출혈로 쓰러져 세상을 떠났다.

•• 어떤 시점에 특정한 지역에서 나타나는 그 지역 인구에 대한 환자 수의 비율.

들에게서 막대한 자금을 받아 낸 덕분에 당시 세계보건기구는 다른 유엔 산하 기구와는 달리 예산을 여유 있게 운영할 수 있었습니다.

세계보건기구는 상대적으로 부유한 나라의 지원을 많이 받지만, 공중위생 상태가 열악하고 감염병에 취약한 가난한 나라에 혜택을 나누어 줍니다. 이것이 설립 목적에 들어맞으니까요. 하지만 부유한 나라의 입김이나 영향력이 아무래도 셀 수밖에 없겠죠. 이러한 상황에서 중립을 지키고 흔들림 없이 원칙을 고수하기란 쉬운 일이 아닐 것입니다.

2020년 4월, 미국 대통령 도널드 트럼프Donald Trump는 세계보건기구의 지원금을 중단하더니 결국 7월에 회원국 탈퇴라는 충격적인 결정을 내렸습니다. 현 사무총장이 중국 편을 자주 든다는 사실을 명분으로 내세웠지만, 속내는 미국에서 한창 개발 중인 코로나19 백신의 공급과 수익을 독점하기 위해서라고 사람들은 추측했습니다. 백신 개발에 성공하더라도 초반에는 생산량에 한계가 있기 때문이죠.

트럼프의 결정을 미국 국민은 어떻게 바라보았을까요? 미국은 워낙 다양한 민족이 뒤섞여 사는 나라인 데다 빈부 격차도

극심합니다. 특히 우리나라처럼 전 국민 (공적) 의료보험 시스템이 아니라 의료 시스템이 민간 의료보험을 중심으로 구축되어 있어 개인의 경제 여건에 따라 다른 의료 서비스를 받고 있어요. 또 의료보험에 아예 가입하지 않은 사람도 전체 인구의 9퍼센트로 상당히 많고요. 그런 나라에서 백신의 공급을 제약 회사의 이윤 창출과 같은 경제 논리에 따른다면, 백신을 차지하기 위해 폭동이 일어나는 등 영화에서나 볼 법한 끔찍한 상황이 재현될지도 모를 일입니다.

세계보건기구와 같은 범국가적인 국제기구가 코로나19 바이

러스의 백신 문제와 관련해 그 위상이 흔들리듯 보이는 것도 두 가지의 큰 가치가 충돌하고 있기 때문입니다. 미국이 최우선 가치로 내세우는 신자유주의와 개인주의도 중요하지만, 팬데믹 같은 감염병 시대에는 모두의 안전을 더욱 우선시하는 공동체주의가 중요하니 말입니다.

특히 투자 비용에 따라 코로나19 백신의 물량을 확보하려는 미국과 영국 등의 경쟁과 이에 맞서 백신의 공정하고 투명한 분배를 촉구하는 백신 접근권이 신자유주의와 공동체주의의 전형적인 충돌 양상이라고 할 수 있습니다.

백신, 얼마면 되니?

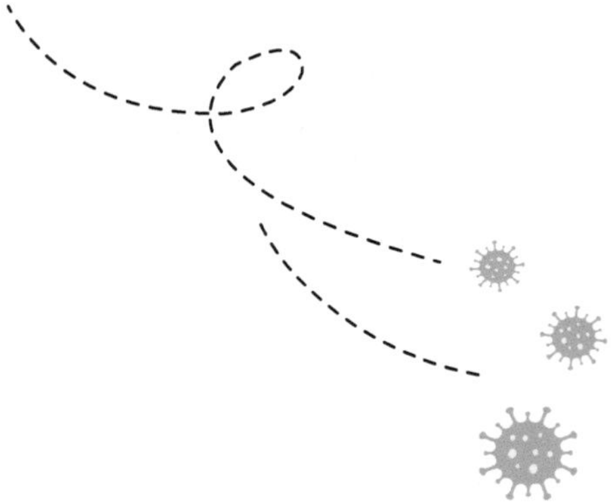

코로나19 사태 이전부터 바이오 기술은 유망한 미래 산업이었습니다. 백 세 시대를 현실화하기 위해 다양한 유전자 기술, 인공장기나 인공 신체 기관 및 제약 관련 기술이 새로운 사업의 주인공들로 주목받았죠. 예를 들어 누군가 당뇨나 치매 유전자를 찾아내 제거할 수 있다거나 치매를 예방할 백신을 개발한다면, 이른바 대박을 터뜨릴 수 있지 않을까요? 비만을 개선하는 기술도 마찬가지일 것입니다. 우리나라만 해도 다이어트 관련 시장 규모가 2조 원이 넘는다고 하니까요.

그렇다면 같은 맥락에서 코로나19 백신의 경우를 살펴볼까요? 2020년 7월, 백신 개발의 선두 주자로 유력한 미국의 제약 회사 모더나는 백신 접종 가격을 50~60달러 선에서 책정할 것이라고 발표했습니다. 또 다른 미국의 제약 회사 화이자는 40달러 선을 이야기했고요. 문제는 이들 회사가 감염병 백신을 철저히 이윤 창출의 문제로 접근하고 있다는 사실입니다.

실제로 백신 가격이 모더나와 화이자 같은 제약 회사들이 언급한 수준으로 책정되고 다른 대안이 없다면, 결국 백신의 혜택과 건강의 문제는 돈의 문제가 되고 말 것입니다. SF 영화 〈엘리시움〉에서 경고하듯이 미래의 건강과 수명에 관한 문제에서 가장 우려되는 상황이죠. 돈을 가진 자는 영생을 보장하는 의료 서비스를 받으면서 그들만의 천국인 엘리시움에서 살고 나머지는 버려진 지구에서 끔찍한 삶을 살아야 하는 영화 배경처럼 말이에요.

전 세계의 지도자와 전문가들이 코로나19로 인한 팬데믹 상황을 전쟁에 비유했습니다. 이 비유는 여러 가지 의미로 이해할 수 있는데요. 전쟁이 일어나면 가장 큰 피해를 보는 사람은 노약자와 장애인 그리고 빈곤층입니다. 반대로 말하면 국가 시스템이 정상 작동될 때 그나마 배려받는 계층이죠.

그런데 코로나19 사태에서는 여기에 외국인이 추가되었습니다. 국내에 거주하는 미등록 이주민을 비롯해 다양한 이유로 국내에 입국한 외국인은 국가 의료보험 시스템의 혜택을 못 받기 때문에 바이러스 검사조차 부담스러울 거예요. 우리나라는 자국민이든 아니든 모든 해외 입국자에 대해 바이러스 검사와 자가 격리 등의 모든 비용을 국비로 충당했습니다. 이에 대해 논란이 일기도 했는데요, 이 같은 상황을 좁게 보면 세금 낭비가 아닐까 생각할 수 있지만 조금 넓게 보면 계산이 전혀 달라집니다.

만일 개인에게 모든 비용을 감당하게 한다면, 검사 비용과 격리 비용이 부담스러워서 제대로 검사를 받지 않거나 숨는 사람이 생길 것입니다. 그러면 다시 그 사람들을 추적하고 그들이 접촉한 사람들을 찾아내 검사해야 하는 등 더 큰 비용이 발생할 수 있죠. 무엇보다 그처럼 혼란스러운 상황이 닥쳤을 때 무고한 시민들이 느낄 공포감은 비용으로 산정하기도 어렵습니다.

'백신의 황제'라 불린 이종욱 전 세계보건기구 사무총장은 한센병으로 격리된 사람들 속으로 들어가 그들을 치료했고, 일명 후진국 병•이라 불리는 결핵, 소아마비 등으로 많은 사람이 목숨을 잃는 가난한 나라를 찾아다니며 백신을 보급하는 데 앞장섰습니다. 세계보건기구가 설립 목적을 성실히 달성하자 부자들과 부유한 국가들은 기금 모금에 참여하지 않을 수 없었죠. 모두가 눈앞의 이익만 좇는다면 모르고 넘어갈 수 있겠지만, 누군가 자신의 이익을 약자에게 나누면 그 숭고한 마음을 외면할 수 없을 테니까요. 그것이 바로 인간 본성에 옵션으로 장착된 '염치'가 아닐까요?

• 결핵이나 수두와 같이 후진국에서 위생이나 영양 상태가 나빠 걸리는 질병.

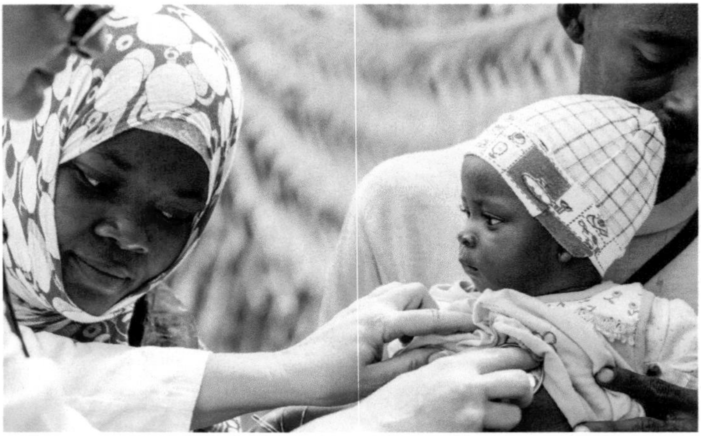

◉ 소아마비 백신이 개발된 후로도 아프리카에서 자연적 소아마비 발병이 끝나기까지는 65년이 걸렸다. 백신의 혜택이 골고루 닿기까지 수십 년이 걸렸기 때문이다.

그렇다면 감염병 백신의 접종 가격은 얼마여야 할까요? 감염병은 인류 공동의 문제이며, 이를 극복하기 위해 개발된 백신은 인류 공공재여야 한다는 의견이 제기되고 있습니다. 영국 제약회사 아스트라제네카는 코로나19 백신 판매로 이윤을 남기지 않겠다고 선언했죠. 독일, 이탈리아, 네덜란드, 프랑스 등과 백신 공급 계약을 맺은 이 회사는 백신의 잠정 접종 가격을 회당 약 4달러로 책정했다고 알려졌습니다.

앞서 언급했던 백신 접근권도 같은 맥락입니다. 2020년 7월 15일, 우리나라를 비롯해 캐나다, 뉴질랜드, 스웨덴, 스페인, 에티오피아, 남아프리카공화국, 튀니지 등 8개국 정상이 공동성명을 발표했습니다. "우리가 모두 안전해지기 전까지 그 누구도 안전하지 않다."라는 문장으로 시작하는 성명서는 전 세계가 백신에 동등하게 접근할 수 있도록 보장되어야 함을 강력하게 주장합니다. 국가 내에서는 물론 국가 간에도 백신 공급의 불평등이 심화되도록 내버려 두어서는 안 되며, 이는 저소득·중간 소득·고소득 국가 모두에 해당하는 권리라는 것입니다.

백신 개발에는 큰 비용이 들어가고 실패할 확률도 높습니다. 그렇기에 백신 개발에 참여하는 제약 회사들이 국가 지원금을 받는다고 해도 큰 위험부담을 감수한다고 볼 수 있습니다. 그래서 그만큼의 대가가 필요하다고 주장하는 것이겠죠. 하지만 그러한 위험 부담의 대가를 백신 가격으로 보상받기보다는 장기적인 연구 개발비 지원이나 세금 혜택 등 다른 형태의 보상을 모색해 볼 수 있을 것입니다.

언택트 시대,
다시 생각하는 자유와 평등

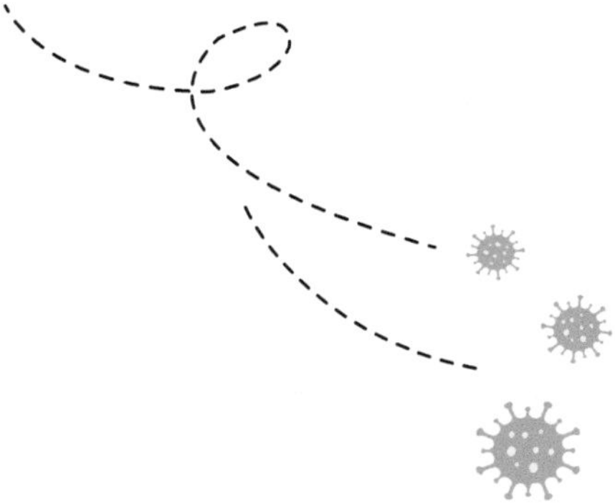

코로나19에서 비롯된 변화 중 여러분이 가장 밀접하게 경험한 것은 바로 달라진 수업 풍경이었죠. 감염 예방을 위한 사회적 거리두기가 전 세계에서 시행되면서 세계는 이른바 언택트• 사회가 되어 가고 있습니다. 2300여 년 전에 살았던 철학자 아리스토텔레스도 인간은 사회적 동물이라고 했는데 말이죠. 언택트, 그러니까 '접촉하지 않는 사회'란 말을 가능하게 하는 것은 인터넷과 디지털 기술의 발전입니다.

• 접촉을 뜻하는 '콘택트(contact)'에 부정을 뜻하는 '언(un-)'을 합성한 신조어.

2m
KEEP
DISTANCE

예전에는 강력한 태풍이나 홍수, 지진과 같은 천재지변이 닥치면 잠시 학교를 쉬었습니다. 2020년 3월 개학이 몇 번씩 미뤄졌을 때 경험했을 텐데요. 하지만 좀처럼 바이러스 감염이 수그러들 기미가 보이지 않자 학교들은 곧 온라인 개학을 했죠. 어른들과 달리 여러분은 태어날 때부터 디지털 기기와 친숙한 세대여서 온라인 수업에 거부감을 크게 느끼진 않았을 것입니다.

감염 위험이 큰 상황에서는 여러분처럼 면역력이 약한 학생들이 집단으로 생활하는 학교만큼 위험한 곳이 병원입니다. 감염병이 아닌 다른 이유로 몸이 아픈 사람들이 병원을 찾기 조심스러운 상황이라 한때 찬반 논란 때문에 수면 아래로 가라앉아 있던 원격의료•에 대한 가능성이 다시 이야기되고 있습니다.

• 환자가 병원을 방문하지 않고 통신망이 연결된 모니터 등 의료 장비를 통해 의사의 진료를 받을 수 있는 서비스.

또 몇 년 전부터 차츰 일반화되어 온 온라인 수업이나 유튜브를 통한 온라인 강연뿐만 아니라 코로나19로 인해 주춤했던 예술계가 온라인 콘서트와 공연을 다양하게 시도하더니, 이제는 텔레비전에서도 온라인 관객과 함께하는 프로그램을 방송하면서 쌍방향 의사소

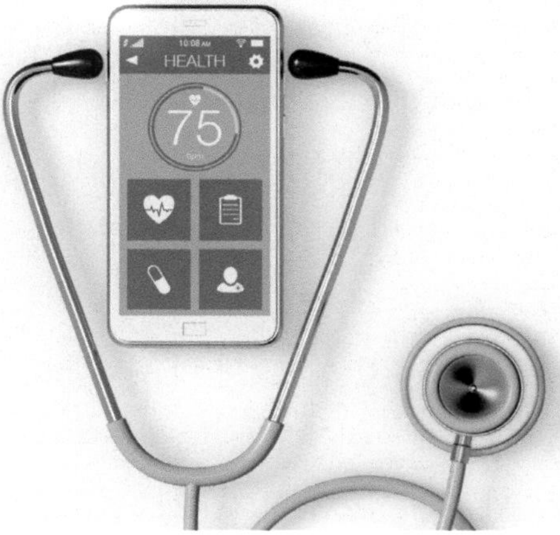

통이라는 디지털 기술의 가치를 극대화하고 있습니다.

그런데 이러한 변화와 함께 '디지털 불평등'이라는 신조어가 등장합니다. 본래 뜻은 계층별로 디지털 정보를 습득하는 것이 불평등하다는 의미였지만, 코로나19로 평범한 사람들의 일상생활 전반이 디지털화되면서 그 의미가 확대되고 복잡해졌습니다. 예를 들어 젊은 세대는 인터넷이나 모바일 뱅킹, 온라인 쇼핑 등이 익숙하지만, 장년층은 은행이나 마트에 직접 방문하는 게 편하죠. 나이 문제뿐만 아니라 소득에 따른 문제도 발생합니다. 인터넷이나 모바일 뱅킹, 온라인 쇼핑이나 배달 음식 주문을 하려면 컴퓨터와 스마트폰이 있어야 하고, 집에도 인터넷 환경이 만들어져야 하니까요. 온라인 개학을 앞두고 교육부가 가장 고민한 문제도 이것이었죠. 디지털 불평등은 디지털 정보 습득에만 한정되는 것이 아니라 일상생활의 사소한 영역에까지 뿌리내리고 있습니다.

디지털 기술이 편리한 동시에 우리를 예전보다 더 위협하고 있는 것도 사실입니다. 팬데믹 시대에 시시각각 전송되는 재난 안전 안내 문자는 우리 주위의 감염 정보를 실시간으로 전달해 주지만, 확진자가 느끼기에는 자신의 개인 정보가 다른 사람들에게 실시간 알려진다는 사실이 매우 불편하고 불안할 것입니다. 해외 입국자나 확진자와 동선이 겹쳐서 2주간 자가 격리를 하는 사람도 보건 당국에서 휴대전화를 통해 위치 정보와 개인 정보를 관리합니다. 비상 상황이라 다들 감수했지만, 여기에는 많은 문제가 포함되어 있습니다.

확진자의 동선에 포함되는 식당 등의 장소는 기피 대상이 되어 안전하게 방역을 마친 뒤에도 여전히 사람들의 발길이 끊긴다거나 잘못된 정보가 공개되어 억울하게 문을 닫아야 하는 경우가 발생했죠. 또 검사 후 음성 판정을 받았지만 사회 활동에 지장을 받아 억울한 개인들도 그저 참아야 했습니다. 무엇보다 중요한 문제는 이렇게 수집된 정보들의 관리에 있습니다. 해킹의 위험이 언제든 도사리고 있으니 말이에요.

어떤 나라에서는 마스크가 없어서 사용하지 못하지만, 미국과 몇몇 나라에서는 마스크를 쓰라는 것조차 개인의 자유를 침해하는 일이니 국가나 보건 당국에서 쓰라 말라 할 권리가 없다고 주장하는 사람들이 있습니다. 공공장소에서 마스크를 쓰지 않은 시민이 이를 비난하는 시민과 다투다가 폭력으로 번지는 사건이 심심치 않게 뉴스에 등장하기도 했죠.

반면에 우리나라에서는 자가 격리 수칙을 위반하는 사람이 늘어나자 이들에게 마치 성범죄자들처럼 밴드를 착용하게 해 위치 정보를 수시로 수집하는 방안이 제기되기도 했습니다. 일부 몰지각한 사람들 때문에 무고한(?) 사람들이 바이러스에 감염되고 감염병이 번지는 상황을 막겠다는 목적이지만, 밴드는 디지털 시대의 사회적 낙인이며 개인의 자유를 심각하게 침해하는 아이디어입니다.

다행히 우리나라 정부는 코로나19 사태 이후 급증한 해킹 사

고 등에 대처하고 감염병을 관리하기 위해 최소한의 개인 정보를 활용하는 포스트코로나 개인 정보 유출 방지 기술을 개발하고 있습니다. 디지털 불평등과 개인 정보 보호나 마스크 착용 등의 문제는 자유와 평등이라는 기본 인권 문제가 크게 변화하는 지금, 그리고 포스트코로나 시대에는 어떻게 보장되어야 하는지 깊이 생각해 보게 합니다.

새로운 감염병이 온다

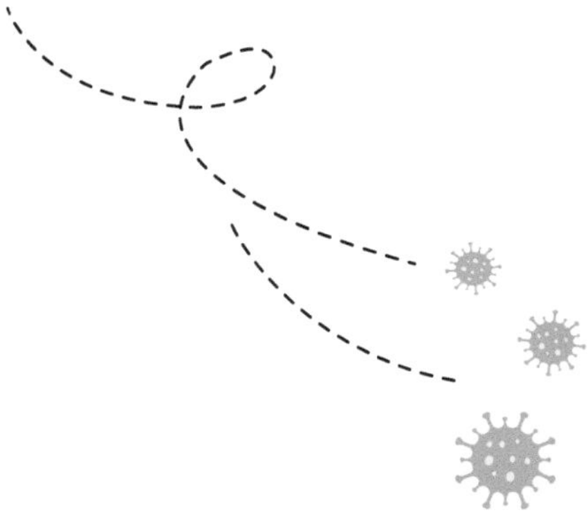

1967년 독일의 한 연구실에서 직원들이 집단으로 정체 모를 출혈열 증상을 나타냈습니다. 31명 중 7명이 목숨을 잃을 정도로 치사율이 높은 양상을 보였는데요. 당시 이 연구소 연구진들은 어떤 백신 개발에 참여하고 있었습니다. 바이러스의 감염 경로를 추적하니 놀랍게도 실험에 쓰려고 우간다에서 수입해 온 원숭이에게서 시작된 것이었죠.

이 실험을 주도했던 연구소의 이름을 따서 '마르부르크바이러스'라 불렸던 이 바이러스에 감염되면 온몸에 발진이 돋고,

신체 곳곳에 출혈이 생기면서 거의 모든 장기가 심하게 손상되어 사망에 이릅니다. 특히 이 바이러스는 우리 몸을 지키는 면역 세포를 공격해 신체의 방어 능력을 무력하게 만들기 때문에 더욱 치명적이었죠. 그나마 마르부르크바이러스는 당시 독일 연구소를 중심으로 유행한 뒤에는 콩고 등 아프리카 일부 나라에서 환자가 간헐적으로 발생했을 뿐 유럽이나 아시아, 미국 등에서는 환자 발생 보고가 없었습니다.

그런데 1976년 6월 아프리카 수단에서 비슷한 감염병이 발생합니다. 마르부르크바이러스와 같은 필로바이러스과에 속하는 에볼라바이러스에 의한 출혈열이었는데, 수단의 한 농장에서 시작되어 280명 넘게 감염되었고 그중 50퍼센트 이상이 사망, 수단 인근 자이르(지금의 콩고민주공화국)까지 넘어갔을 때는 90퍼센트 이상이 사망했습니다. 인간의 면역 체계를 교란해 각종 감염증을 일으키는 마르부르크바이러스나 에볼라바이러스는 지구상의 어떤 병원체보다도 치명적이었죠.

그나마 다행히도 이 바이러스는 비말이나 공기를 통해 감염되지 않았습니다. 환자에게 한번 사용했던 주삿바늘을 다른 환자에게 재사용하거나, 의료 도구를 제대로 소독하지 않아 감염

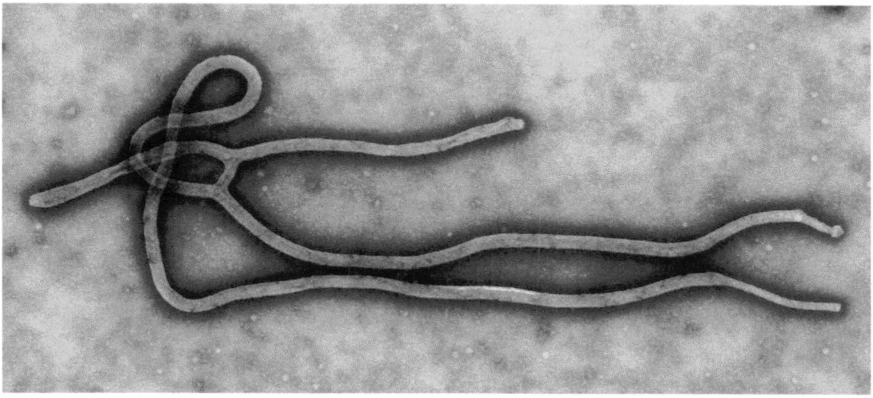

◉ 전자현미경에 비친 에볼라바이러스.

자의 혈액이나 체액에 접촉했을 때 감염되기 때문에 전 세계로 번지지는 않았던 것이죠.

하지만 1980년대 초 이와 유사한 신종 감염병이 미국에서 발생하자 세계는 발칵 뒤집힙니다. 바로 현대판 페스트로 불린 '후천면역결핍증AIDS', 즉 에이즈가 나타난 것입니다. 정상인의 면역 체계는 각종 병원체가 몸에 침입하면 인간의 몸을 보호하고 암 발생을 억제하는데, 에이즈에 걸리면 몸에 침투한 인체 면역 결핍 바이러스HIV가 면역 체계를 무너뜨려 암을 발생시키기도 하고 폐렴만으로도 목숨을 잃을 정도로 몸을 쇠약하게 만듭니다.

에이즈는 1980년대 후반까지도 적절한 치료제가 없어 한때 '현대판 페스트', '신이 내린 형벌' 등으로 불릴 만큼 공포의 대상이었죠. 영화 〈보헤미안 랩소디〉의 실존 인물인 영국 록 밴드 퀸의 리더 프레디 머큐리Freddie Mercury가 1991년 이 병으로 사망해 충격을 주기도 했습니다.

그로부터 불과 5년 뒤인 1996년부터 에이즈 치료에 획기적인 변화가 생깁니다. 문화 예술계를 통한 세계적인 에이즈 퇴치 운동과 연구 지원 덕분이었죠. 지금은 에이즈에 걸려도 초반에 적절한 치료를 받으면 고혈압이나 당뇨병 같은 만성질환처럼 꾸준히 약을 먹으며 일상생활을 할 수 있습니다. 1981년 미국 질병통제예방센터CDC에 의해 에이즈가 신종 감염병으로 확인된 뒤로부터 20여 년이 지나 이루어 낸 성과죠.

이처럼 에이즈는 이제 만성질환이 되었고 신규 감염도 계속 감소하는 추세입니다. 하지만 완치 가능한 치료제나 백신은 아직 개발하지 못했습니다. 2018년 기준으로 신규 확진자는 170만 명이고, 3200만 명이 에이즈로 사망했는데 말이죠. 환자들이 주로 아프리카 같은 저소득 국가에 밀집되어 있다 보니, 수천만 명이 에이즈바이러스의 간접 영향권에 놓여 있지만 주목받지 못합니다.

그런데 도대체 에이즈바이러스는 갑자기 어디서 나타난 것일까요? 에이즈가 처음 발병한 곳은 미국이었지만, 놀랍게도 이 바이러스는 아프리카 원숭이에 유행하던 바이러스가 변이를 일으켜 인간에게 감염되었다는 설이 가장 유력합니다. 어떻게 아프리카 원숭이의 바이러스가 미국에서 신종 감염병을 일으킨 걸까요?

일단 원숭이 몸에 있던 바이러스가 인간에게 감염되어 병을 일으키려면, 두 종 사이에 매우 밀접한 접촉이 필수입니다. 인간이 개발을 목적으로 아프리카 밀림을 훼손하고 환경을 파괴하는 과정에서 원숭이가 바이러스에 감염되고, 원주민이 감염된 원숭이를 포획하고 잡아먹으면서 원숭이의 혈액에 노출되어 감염된 것으로 추정합니다.

원숭이를 이용해 백신을 연구하다 감염된 마르부르크바이러스나 에이즈바이러스 그리고 에볼라바이러스 모두 인간이 야생 원숭이를 공격하고 그들의 생태계를 교란한 행동이 부메랑

8
2

이 되어 무서운 질병으로 되돌아온 것인지도 모르겠습니다. 초식동물인 소에게 성장 촉진과 단백질 보충을 위해 동물성 사료를 먹였기 때문에 광우병이 나타났고, 사람에게도 인간 광우병, 즉 변종 크로이츠펠트·야코프병이 등장했죠. 이뿐만이 아닙니다. 사스는 사향고양이와 박쥐가, 메르스는 낙타가 매개 동물이며, 결국 이들 생태계에 인간이 개입하면서 계속해서 새로운 감염병이 발생하고 있습니다.

그렇다면 우리는 이제 어떻게 해야 할까요? 지금까지 해 온 방식대로 새로운 감염병이 나타나면 사회적 혼란을 겪다가 백신과 치료제가 개발되어 사태가 수그러들면 언제 그랬냐는 듯 다 잊어버리고 일상을 살면 될까요? 다른 감염병이 나타날 때까지? 그렇지 않으면 다른 어떤 방법이 있을까요?

5장

원 헬스, 공생을 생각하다

하나의 건강을 위하여

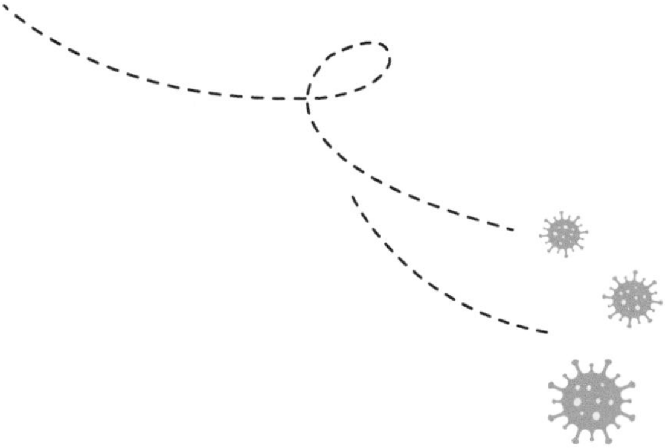

포스트코로나 시대를 앞두고 '원 헬스One Health'라는 이념이 주목받고 있습니다. 원 헬스, 직역하면 '하나의 건강'이란 뜻이죠. 풀어 설명하면, 생태계 전체가 건강해야 그 안에서 살아가는 인류도 건강할 수 있다는 의미입니다.

코로나19 사태를 통해 사람들은 다른 생명체를 떼어 놓고 오로지 인간만 안전하고 건강하게 살아갈 수 없다는 사실을 분명히 깨달았습니다. 자연을 수단으로만 이용하고 개발이란 이름으로 파괴해 온 인류의 생활 방식은 생태계 균형을 깨뜨리고,

그렇게 깨진 균형이 인류 자신을 위협한다는 사실을 체감한 것이죠. 건강해야 하는 것은 인류만이 아니라 생태계 전체입니다. 그래서 사람들은 하나의 건강, 즉 생태계 전체가 함께 균형을 유지하는 건강한 상태가 중요하다고 말하기 시작했습니다.

코로나19와 같은 감염병은 '원 헬스'가 어떻게 작용하지를 잘 보여 줍니다. 사회적 거리를 두고, 손을 자주 씻고, 공공장소에서 마스크를 쓰는 등의 예방책은 나 혼자만의 노력으로는 이루기 어려우니까요. 또 돈이 없거나 사회적으로 소외되어 보건 의료 혜택을 제대로 받지 못하는 사람들이 늘어나는 사회도 감염병으로부터 안전할 수 없을 거예요. 내가 아무리 돈이 많고 건강하더라도 주변에 감염병 환자가 많다면 나의 건강은 언제든 위협받는 꼴일 테니까요.

앞으로는 인간과 자연, 국가와 국가 간의 관계를 돌아봐야 합니다. 특히 우리 국민을 보호하기 위해서라도 북한처럼 방역에 취약한 국가를 적극적으로 지원해야겠죠. '하나의 건강'은 곧 '우리 모두의 건강'이라는 뜻과 다르지 않습니다. 내가 건강하게 살아가기 위해서는 내 주변 사람들이 건강해야 하듯이, 인류가 건강하게 살아가기 위해서는 인류 주변의 다른 생명이 모두 건강하게 살아갈 수 있어야 합니다.

우리는 최근 배 속에 온통 플라스틱만 들어찬 채 죽은 고래나 폐비닐을 온몸에 칭칭 감고 해변에 쓰러진 거북이의 모습을 종종 뉴스에서 마주합니다. 바다로 흘러간 미세 플라스틱은 그 플라스틱을 먹은 물고기를 통해 우리 몸으로 되돌아온다고 하죠. 일회용 용기나 선크림, 세안제를 사용하는 등 일상의 사소한 행동으로도 기후를 돌이킬 수 없을 만큼 변화시키고, 해양 생물을 멸종시키고, 나아가 우리 자신도 위협하고 있음을 확인하고 있습니다.

나 혼자 잘한다고 해서 문제를 해결할 수 없다는 지혜는 코로나19 사태를 겪고 나서야 알게 된 것이 아닙니다. 역사 속에서 반복적으로 겪어야 했던 수많은 감염병을 통해 인류는 이미 그 사실을 알았습니다. 그래서 공중 보건과 예방의학이라는 사회적 체제를 발전시켜 왔고요. 그러나 우리는 이따금 선조들이 남겨 준 경험과 지혜를 까맣게 잊곤 합니다.

미래를 대비하는 일은 우선 자신의 현재를 정확히 파악하는 것에서 시작합니다. 우리가 무엇을 잘했고 또 무엇을 잘못했는지를 알아야 앞으로 무엇을 해야 할지 방향을 잡을 수 있겠죠. 원 헬스라는 이념 역시 마찬가지입니다. 중요한 의사 결정을 내리려면 이제까지의 공로와 과실을 제대로 들여다보아야 합니다. 잘한 것은 계속 추진해 가고, 잘못한 것은 바꿔야 하죠.

지구 생태 공동체의 일원인 인류가 지구 생태계 전체가 건강하게 살기 위해 해야 할 일을 결정하려면, 그동안 인류가 무엇을 잘해 왔고 또 무엇을 잘못했는지를 다른 관점에서 살펴보고 정리하는 과정이 필요합니다. 같은 현상이라도 어떤 관점에서 보느냐에 따라 그 의미는 완전히 달라지니까요.

무심한 자연에 도전하는 인류

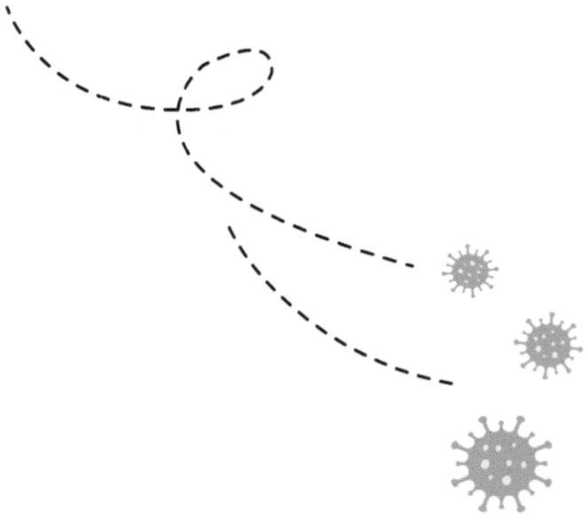

인류는 이제까지 무심한 자연 속에서 삶을 영위해 왔습니다. 자연을 무심하다고 이야기하는 이유는 우리가 자연에 대해 어떤 마음을 가지든, 자연은 묵묵하게 자신의 원칙대로 움직이기 때문입니다. 인류가 자연을 냉혹한 삶의 환경으로 생각하든 어머니의 품으로 생각하든, 자연은 인류를 미워하지도 동정하지도 않습니다. 자연은 그저 냉정한 그들의 법칙에 따라 움직일 뿐입니다. 인류는 거대한 자연의 체계 중 일부일 뿐이고요.

미국의 저널리스트 앨런 와이즈먼Alan Weisman은 과학적 사실을 토대로 흥미로운 사고실험을 했습니다. 이 실험은 책으로 출간되었고 우리나라에도 『인간 없는 세상』이란 제목으로 소개되었죠. 마치 SF 영화처럼, 어느 날 갑자기 세상의 모든 사람이 사라진다고 상상해 보는 것입니다. 과연 세상은 어떻게 될까요?

와이즈먼은 화려했던 도시가 곰팡이와 풀로 뒤덮이고, 벌레와 동물들이 찾아오고, 마침내 거대한 자연의 품속으로 돌아가는 모습을 생생하게 그려 냅니다. 그 모습은 주인공이 빠진 드라마처럼 보이기도 하지만, 46억 년이라는 지구 생태계의 역사를 커다란 시선으로 보면 인류 문명은 그저 하나의 해프닝에 불과하다는 사실을 암시하고 있습니다.

흥미롭게도 와이즈먼은 우리나라 비무장지대의 생태적 풍요로움을 예로 드는데요, 한국전쟁 기간에 포탄과 화약으로 황폐해졌던 전쟁터가 어떻게 풍요로운 생태계를 회복하게 되었는지를 증언합니다. 그 이유는 공교롭게도 인간의 손길이 닿지 않았기 때문입니다.

1986년 끔찍한 사고가 일어난 우크라이나의 체르노빌도 마

1986년 4월 26일 우크라이나 키예프 북쪽에 위치한 체르노빌 원자력발전소 제4호기 원자로가 폭발한 사고.

찬가지입니다. 체르노빌 원자력발전 사고 이후 사람이 살 수 없는 방사능 오염 지역이 된 이곳은 인간의 손길이 끊기자 도리어 생태계가 조금씩 복원되기 시작했습니다. 물론 다시 일어나서는 안 될 사고이긴 하지만, 이러한 상황이 우리에게 말해 주는 것은 무엇일까요?

영국의 역사학자 아널드 토인비Arnold Toynbee는 역사를 도전과 응전의 과정으로 묘사합니다. 역사의 주인공으로서 인간은 수많은 도전에 부딪혔고, 그 도전을 극복하는 과정에서 문명을 발전시켜 왔다는 것입니다. 물론 도전을 극복하지 못했던 문명은 역사의 뒤안길로 사라졌겠죠. 진화론도 비슷한 관점을 우리에게 가르쳐 줍니다. 자연에서 살아가는 모든 종은 언제나 자연의 시험 앞에 놓입니다. 잘 적응하는 종은 삶을 지속적으로 이끌어 가면서 역사의 주인공이 되지만, 적응하지 못한 종은 더는 써넣을 것 없는 과거의 한 페이지에 머물게 될 것입니다. 인류라고 해서 예외는 아니죠.

인류는 지난 역사에서 수많은 감염병과 싸워 왔습니다. 맨 처음 던진 질문처럼 무심한 자연사의 관점에서 감염병의 역사란

◉ 역설적이게도 코로나 봉쇄령 이후 깨끗해진 인도 뉴델리의 대기질.

어느 한쪽의 입장에서만 서술될 역사는 아닙니다. 질병을 일으키는 미생물이나 바이러스도 생태계의 한 구성원으로서 지금까지 생존하고 진화해 왔으니까요. 물론 그들의 진화는 인류에게 시련이자 도전이었고요.

이 같은 맥락에서 보면 코로나19 사태는 인류의 도전사에 기록될 한 장입니다. 인류는 어떻게든 이번 시련을 또 이겨 낼 것입니다. 그러나 이를 단순히 하나의 고비를 넘기는 일로만 생각하고 쉽게 잊어서는 안 됩니다. 이번에 배우게 될 무엇인가를 분명히 알지 못하면 우리는 똑같은, 아니 더 위험한 도전에 또다시 직면하게 될지도 모릅니다.

박쥐는 왜 하필 마을로 갔을까?

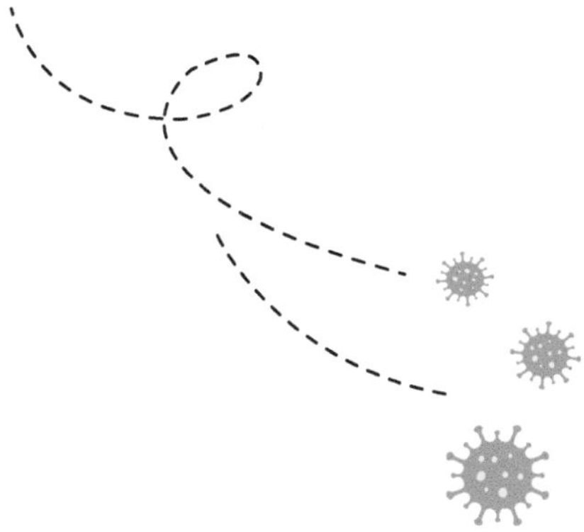

세상의 어떤 일이건 일단 사건이 일어나면 오직 한 가지 원인 때문에 일어나지는 않습니다. 코로나19 사태만 하더라도 코로나바이러스의 변이가 원인이지만, 하필 그 변이된 바이러스가 인간에게 치명적인 영향을 끼쳤고, 하필 사람들이 밀집된 공간에 모여 생활하고, 하필 비행기처럼 발달한 교통망이 바이러스를 재빠르게 전 세계로 실어 나르면서 심각해졌죠. 아마도 누군가는 하필 그때 바이러스가 있는 곳을 갔고, 하필 그때 마스크를 하지 않았을 것입니다. 이렇게 하나하나 따지다 보면 온갖

상황이 원인이 될 수 있습니다. 그렇다면 그중 어느 것이 진짜 원인일까요?

어떤 사건이 일어날 때는 주요 원인이 실제 사건을 일으키게 만드는 환경적 요인이 있기 마련입니다. 그중 하나만 일어나지 않았어도 큰 피해가 발생하지 않았을지도 모르죠. 그 환경적 요인의 대부분은 인류의 생활 방식과 관련되어 있습니다.

오늘날의 팬데믹 상황을 예견이라도 한 듯한 2011년의 영화 〈컨테이젼〉의 마지막 장면에서는 사람들이 불도저로 숲을 밀어버리자 오갈 데 없이 밀려 나온 박쥐가 가축을 기르는 축사로 들어갑니다. 영화는 인류 전체에게 커다란 피해를 안긴 사건이 박쥐를 숲에서 몰아낸 인간의 불도저 때문에 시작되었다고 본 것입니다.

서식지에서 쫓겨난 박쥐가 사람들이 사는 마을의 축사로 들어오고, 박쥐 몸속에 있던 바이러스가 가축이나 다른 동물에게 옮아가고, 숙주를 옮긴 바이러스가 변이되고, 마침내 변이된 바이러스에 감염된 동물과 접촉한 인간을 감염병의 공포로 몰아넣은 것이죠. 특이하게도 이 영화는 감염병이라는 재난을 인과응보라는 관점에서 보고 있습니다. 팬데믹이라는 재난을 인류가 자연의 균형에는 신경 쓰지 않고 오로지 눈앞의 이익과 편리를 위해 행동한 대가라고 보는 것입니다.

현대 인류의 생활 방식에는 경제 논리가 깊숙이 들어와 있습니다. 모든 것을 비용 면에서 평가하죠. 여러분조차도 가격 대비 성능을 뜻하는 '가성비'란 말을 쉽게 사용하잖아요. 인간이 박쥐가 사는 숲을 밀어 버린 이유는 무엇일까요? 숲에서 벌목한 나무를 팔고, 그 자리에 집을 짓거나 그곳을 목초지로 만들어 가축을 키우면 더 많은 돈을 벌 수 있기 때문입니다.

이러한 경제 논리의 중요한 요소 중 하나는 '경쟁'입니다. 많은 사람이 경쟁은 자원을 효율적으로 분배하는 방법이라고 봅니다. 예를 하나 들게요. 여기 재료가 10개 있습니다. A라는 사

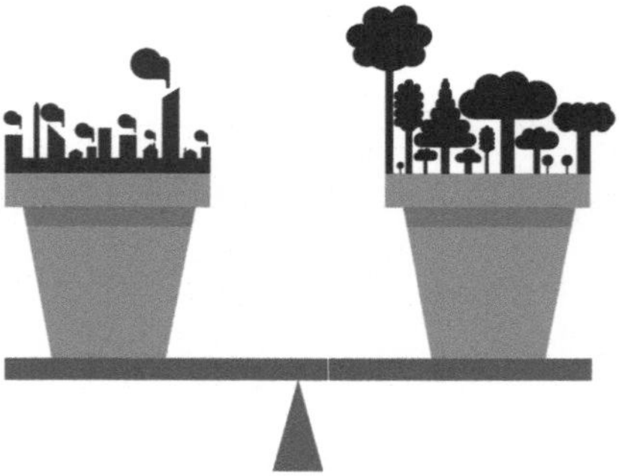

람은 재료 10개를 가지고 제품 10개를 만드는 반면, 손재주가 정교한 B라는 사람은 똑같은 재료 10개로 제품 15개를 만듭니다. 자, 이제 재료 20개를 A와 B에게 나눠 봅시다. 어떻게 나누는 것이 효율적일까요?

기존 방식처럼 재료를 A와 B에게 각각 10개씩 분배하면, 사회 전체의 생산량은 25개가 될 것입니다. 하지만 재료를 B에게 모두 주면 총생산량은 최소 30개가 되겠죠. 여러분이라면 어떻게 나누겠습니까? 자원을 효율적으로 배분하려면 B에게 재료를 몰아주면 됩니다. 효율성에만 초점을 맞추면 B에게 자원을 몰아주어 더 많은 제품을 만들어 내는 편이 합리적인 행위이니까요.

이러한 생각을 우리 삶의 터전인 자연환경에 투사해 보죠. 숲이 있습니다. 이 숲을 가만히 놓아두면 그냥 숲으로만 존재하겠죠. 하지만 숲에 건물을 지어 사람들이 즐길 수 있는 장소로 바꾸면 엄청난 경제적 이익이 생길 것입니다. 이때 어떻게 행동하는 것이 합리적일까요?

근대 이후 인류는 이러한 방식으로 자연을 보아 왔습니다. 인류가 과학기술을 발전시킴으로써 자연을 바라보는 방식을 바꾼 것입니다. 자연은 과거 신들이 지배한다고 믿었던 시절처럼 두렵고 무서운 존재가 아니라 인류에게 안락한 삶을 제공하는 보물 창고가 된 것입니다.

그래서 인간은 산을 깎아 내거나 숲을 없애고, 호수와 바다를 메워서 인간이 살기 편한 터전으로, 인간을 위한 생산물을 만들어 내는 수단으로 바꾸어 놓았습니다. 그 덕에 인류는 지구의 자연사에서 어느 종도 이루지 못한 일을 해낸 성공적인 종이 되었습니다. 적도에서 극지방까지 어느 곳에서나 살 수 있는 생명체이니까요. 지구에서 인간이 살아 내지 못할 곳은 어디에도 없죠. 지금은 화성 이주를 꿈꿀 정도이고요.

하지만 영화 〈컨테이전〉의 마지막 장면은 바로 그러한 도전의 역사가 어떤 부작용, 그러니까 어떤 대가를 불러오는지 잘 생각해 보라는 메시지를 던집니다. 눈앞의 경제적 이익만을 생각하는 태도가 치르게 만든 더 큰 비용을 말입니다.

경쟁 아닌 공생

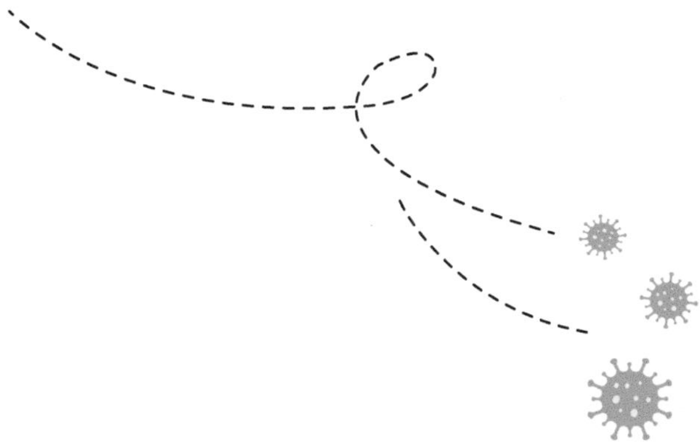

요즘 한창 '숲세권'이라는 말이 유행합니다. 집의 가치가 주변 자연환경을 통해 결정된다는 뜻이죠. 자신이 거주하는 집에서 숲이 얼마나 가까이 있는지가 집의 가치를 높여 준다는 말이기도 합니다. 숲이 가까이 있으면 도심보다 공기가 맑고 그만큼 살기 좋겠죠. 그래서 얼마 전부터 전 세계가 도시 내 숲이나 공원의 가치를 재평가하고 있습니다. 숲을 밀어서 개발하는 것과는 반대되는 생각이죠.

이제껏 인류는 자연환경의 가치를 제대로 평가하지 않았습

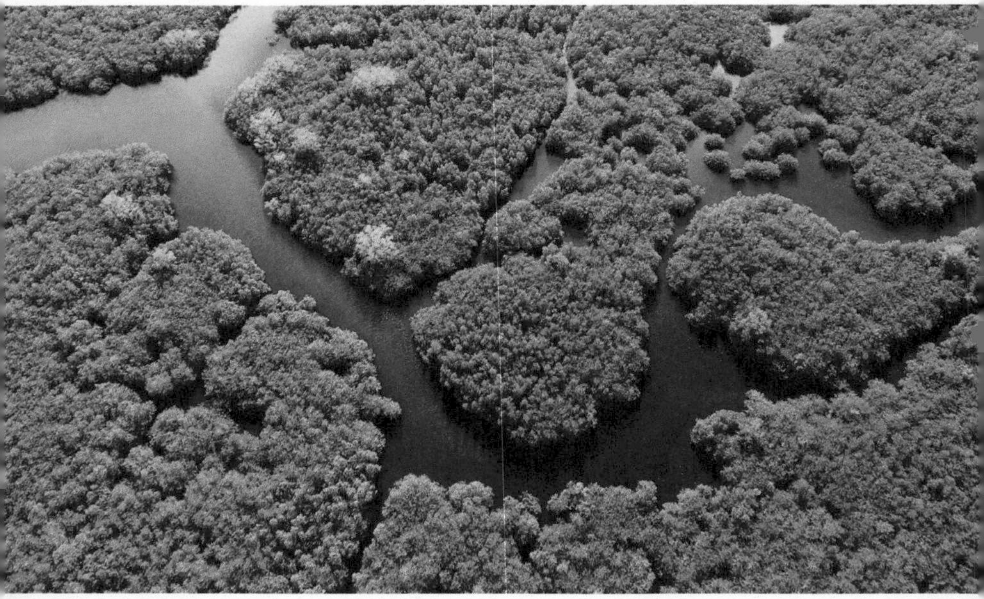

◉ 필리핀 시아르가오섬의 맹그로브숲.

니다. 경제적 손익을 계산하는 습관대로라면 숲을 개발해서 고층 아파트를 짓는 편이 훨씬 더 생산적이라고 말할 사람도 여전히 있을 테고요. 그런데 지금에 와서야 인류는 그러한 사고방식이 너무 근시안적이고 편협한 생각이었다는 사실을 깨달았습니다.

맹그로브숲은 열대지방에서 바다와 만나는 강의 하구에 있는 숲입니다. 얼핏 보면 쓸데없는 관목이 우거진 숲이어서 아무런 경제적 가치도 없는 것 같습니다. 하지만 맹그로브숲은 온갖 종이 모여 살 수 있는 터전으로, 생태계의 보고 역할을 할 뿐만 아니라 홍수를 예방하고 이산화탄소를 잡아 두어 지구온난화를 저지하는 역할도 합니다. 자, 그 경제적 가치가 얼마나 될까요?

한 연구에 따르면, 세계적으로 약 70킬로미터의 해안선에 퍼져 있는 맹그로브숲의 가치는 홍수 예방 기능만 따졌을 때도 약 650억 달러나 됩니다. 예전에는 사람들에게 맑은 공기의 값이 얼마쯤 되겠냐고 물으면, 그 값을 매기지 못했습니다. 한 번도 그런 생각을 해 보지 못했으니까요. 하지만 황사나 매연, 미세 먼지 등에 고통을 겪으며 살아온 사람들은 비로소 맑은 공기의 값을 생각합니다. 여러분도 그렇겠죠. 우리나라도 해마다 황사와 미세 먼지 때문에 큰 고통을 겪었으니까요. 인류는 이제야 생각을 바꾸어 자연환경의 가치를 경제적으로 계산하기 시작한 것입니다.

사람들이 자연환경을 잘 가꾸고 보존해야 한다고 생각한 지는 이미 오래되었습니다. 하지만 그 생각들이 좀 막연했죠. 그런데 얼마 전부터는 막연한 생각만으로는 현실의 위기를 극복할 수 없다는 사실을 깨달았습니다. 만약 일회용 빨대의 값이 개당 1000원이라면 빨대를 쉽게 사용하고 쉽게 버릴 사람이 얼마나 될까요? 일회용 빨대로 인해 자연환경에 손상이 가는 비용이 1000원이라면 말입니다. 이렇게 생각을 바꾸어서 자연의 가치를 하나하나씩 경제적으로 환산하자, 사람들은 어떤 일을 해야 하는지 구체적으로 생각하기 시작했습니다.

물론 아직은 자연환경의 가치를 올바르게 계산하는 방법이 일반화되어 있지 않습니다. 같은 숲을 두고도 그 가치의 값이 오락가락할 수 있죠. 그러나 우리가 생각을 바꾸지 않는다면, 그리고 행동에 나서지 않는다면 인류는 미래를 이야기할 수 없는 상황에 왔다는 사실만큼은 틀림없습니다.

오랫동안 인류는 자신을 주인공으로 생각하고 생태계의 다른 동료를 경쟁 상대로 여겨 왔습니다. 한편으로는 당연한 생각이죠. 자연은 가차 없고 냉정하니까요. 그래서 인류는 오랜 역사에 걸쳐 자연에 '도전'하고 자연과 '싸워' 왔습니다. 천연두나 장티푸스, 에볼라 등에 이어 코로나19에 사람들이 희생되는 모습을 떠올리면, 인류의 행보를 이해할 수는 있습니다.

하지만 동시에 '자연과의 군비경쟁을 언제까지 계속할 수 있겠느냐?' 하는 질문도 던져야 합니다. 인류에게 자연환경은 도전하고 극복해야 할 터전이지만, 인류가 계속해서 살아가야 할

터전이기도 합니다. "빈대 잡으려고 초가삼간 태운다."라는 속담처럼 적과 싸우기 위해 우리가 사는 곳을 황폐하게 만들면, 전쟁이 끝날 때마다 우리가 살 터전을 잃게 될지도 모르니까요. 모기를 잡기 위해 치명적인 살충제를 개발해서 뿌려 대면 모기뿐만이 아니라 인류를 돕는 다른 생명체마저 죽고, 끝끝내 인류가 살 터전마저 망가뜨리고 맙니다.

이제 그 어느 때보다 우리의 생각을 바꾸는 일이 절실해졌습니다. 코로나19로 인한 팬데믹은 자연이 경쟁의 대상이 아니라 공생의 공간이라는 생각을 분명하게 해 줍니다. 함께 잘 살아야 한다는 것은 단지 자연과 인류 사이의 관계만을 말하지 않습니다. 감염병은 사람과 사람 사이의 관계에 대해서도 다시 생각할 것을 요구합니다.

우리나라도 IMF라 불렸던 경제 위기 이후 신자유주의가 뿌리내리면서 승자 독식• 이 당연하게 여겨졌습니다. 그러다 보니 모두가 승자가 되기 위해 미친 듯이 경쟁하는, 말도 안 되는 사회가 되었죠. 시간이 흐르고 세대가 바뀌면서 과도한 경쟁을 피하거나 포기하는 사람들도 늘어났지만, 이들은 '소확행'

• 경기나 싸움 등에서 이긴 사람이나 단체가 모든 이익을 차지함.

◉ '모두의 안전이 곧 나의 안전'인 감염병 시대에는 무조건적인 경쟁이 더는 의미가 없다.

이란 나름의 가치를 추구하는 좋은 의미의 개인주의자들이었습니다. 하지만 '모두의 안전이 곧 나의 안전'인 감염병 시대에는 경쟁도, 나만의 소소한 행복도 의미가 없어 보입니다.

감염병은 주거 환경이나 생활환경이 열악할 때 더 큰 위험을 초래합니다. 그러한 환경에서 살아야 하는 사람들은 더 큰 위험에 노출될 수밖에 없다는 말입니다. 경제적인 이유로 백신을 맞지 못하거나 치료제를 구할 수 없는 사람들이 생긴다면, 이는 다시 공동체 전체를 위협하는 일이 될 것입니다. 나만이 아니라 우리 모두, 인류만이 아니라 자연 전체가 함께 살아가는 지혜, 이것이 바로 감염병 시대를 살아갈 우리가 놓쳐서는 안 될 한 가지입니다.

패러다임을 바꾸는 일

근대 이후 인류가 선택한 세계관을 기계론적이고 환원주의적인 사고방식이라고 말합니다. 어떤 사물 전체를 이해하기 위해 그 사물을 이루는 부분을 하나씩 나누어 분석하고 이해하는 것이죠. 기계론은 기계가 움직이듯 전체 현상을 법칙에 따라 설명하려는 이론이고, 환원주의란 전체 현상을 그 구성 부분의 기능적 합이라고 보는 태도를 말합니다.

시계를 예로 들게요. 시계의 작동 방식을 알아보는 가장 좋은 방법은 분해해 보는 것입니다. 수많은 톱니바퀴가 어떻게 상호

작용해서 바늘을 돌리는지 과정을 들여다보는 것이죠. 그 원리를 이해하면, 또 다른 시계를 얼마든지 만들어 낼 수 있습니다. 시계를 모조리 분해했다가 조립하면 다시 잘 돌아가죠. 시계는 그 부품들의 합일 뿐이니까요.

이러한 사고방식은 대단히 효율적입니다. 어떤 문제가 생겼을 때 문제가 되는 부분(요소)을 찾아내 수리하면 되니까요. 시계가 고장 나면 분해해서 이상 있는 톱니바퀴나 태엽을 수리하면 됩니다. 어느 날 갑자기 자동차가 움직이지 않는다고 해서 그대로 버릴 사람은 없겠죠. 고장 원인을 찾아내고 이상 있는 부품을 교체하면 자동차는 다시 쌩쌩 달릴 테니까요.

그렇다면 만약 인간의 몸에 문제가 생기면 어떻게 할 수 있을까요? 시계나 자동차를 수리하듯이 문제를 일으킨 인체 기관을 '수리'하면 되지 않을까요? 심장의 기능이 떨어지면 그 기능을 회복할 방법을 찾아내는 것이죠. 그런데 과연 인간의 몸도 시계나 자동차처럼 전부 분해했다가 뚝딱 조립할 수 있을까요? SF 영화 속에서는 가능할지도 모르지만, 적어도 현실에서는 불가능합니다.

인간의 몸, 아니 모든 생명은 시계나 자동차와 같은 기계가 아닙니다. 생명은 시계처럼 부품별로 분해했다가 다시 조립했을 때 분해 이전의 상태로 되돌아가는 시스템이 아니에요. 시계는 분해하고 조립하는 과정에서 실수가 있었다고 해도 바로잡으면 정상으로 작동하지만, 생명을 가진 몸은 실수하는 순간 돌이킬 수 없는 상태가 되고 맙니다.

시계나 자동차와 같은 기계는 각 부품의 관계보다 부품들 자체가 중요합니다. 부품들만 잘 보존되어 있으면 그 관계는 언제든 복원할 수 있거든요. 그러나 생명을 가진 몸은 부품들 못지않게 현재 그 부품들이 맺고 있는 관계도 중요합니다. 콩팥이나 간이 손상된 환자가 다른 사람에게서 장기를 이식받으려면 혈액형 등의 조건이 반드시 일치해야 하죠. 무사히 이식받은 뒤에 몸에 거부반응이 일어나는 경우도 장기들 사이의 관계 때문입니다. 생명체의 몸은 한번 그 관계가 손상되면 부품을 새로 바꾼다고 해서 관계가 다시 복원되지 않습니다. 여러 생명으로 이어진 생태계도 마찬가지겠죠.

이러한 생태계의 특수성 때문에 우리는 세상을 바라보는 관점을 바꿔야 합니다. 서로 복잡한 관계로 연결된 생태계를 지금까지 그래 왔듯이 기계론적이고 환원주의적 관점으로 바라본다면 많은 것을 놓칠 수밖에 없으니까요. 생태계 전체의 건강을 생각하는 대안적인 관점인 '원 헬스'는 각 구성 요소의 연결성과 시스템 전체의 균형을 중요하게 생각하거든요.

우리는 오랫동안 자연을 자원으로 생각했습니다. 그러면서도 이 자원이 유한하다고 생각하지 않거나 알면서도 외면해 왔죠. 특히 지난 수십 년 동안 이룩한 경제성장을 위해 무분별하게, 그것도 무상으로 가져다 쓴 자원은 지금 되돌릴 수 없는 기후 위기와 유례없는 멸종 위기를 불러왔습니다. 한정적인 지구의 자원은 돌이킬 수 없이 고갈되어 가고 있죠.

그동안 인류는 지속적인 성장을 꿈꾸어 왔습니다. 하지만 역설적이게도 지속적인 성장은 인류의 삶을 지속할 수 없게 만들고 있어요. 전 세계의 78억 가까운 인구가 모두 자기 차를 몰고 자기 집을 소유한다는 양적인 성장의 꿈은, 지구의 생명유지시스템을 멈추게 할 테니까요. 지금을 인류세라고 말하는 것도 이와 같은 의미입니다.

지구의 환경 체계가 급격하게 변해 '여섯 번째 대멸종'에 들어섰음을 의미하는 개념.

페스트가 중세의 막을 내리고 르네상스 시대를 열었듯이, 포스트코로나 시대에는 건강에 대한 우리의 패러다임이 바뀌어야 합니다. 원 헬스, 하나의 건강이라는 말이 곧 그러한 변화를 예고하는 것이겠죠. 패러다임을 바꾸는 일, 다시 말해 세상 보는 방식을 바꾸는 일은 말처럼 쉽지는 않을 거예요. 하지만 그토록 견고했었던 중세의 신분제가 무너지고 태양이 지구의 둘레를 돈다는 천동설이 지동설로 바뀌었듯

이, 지금 우리의 생각도 분명히 바뀔 수 있습니다.

기계론적이고 환원주의적인 세계관은 생명체란 무엇이고 어떻게 생성되는지, 생명체들이 서로 어떤 관계를 맺고 있는지, 인간은 무엇이고 자연과 어떤 관계에 있는지에 대한 질문에 답할 수 없습니다. 건강한 삶과 연관된 정말 중요한 질문들인데 말이죠. 하지만 관점을 바꾸면 문제를 해결할 좀 더 창의적인 방법을 떠올릴 수 있습니다.

우리의 건강, 행복, 생태적 번영과 지구의 지속 가능한 생명 시스템은 개별적으로 추구해야 할 목표가 아닙니다. 그렇다고 하나를 취하면 다른 걸 포기해야 하는 선택지도 아니고요. 만약 우리가 생태계 전체의 균형과 건강을 위해 행동한다면, 다른 부작용을 최소화하면서 문제를 해결하는 다른 길을 찾아낼 수 있을 것입니다. 이러한 생각은 단순히 코로나19 문제뿐만 아니라 앞으로 인류가 겪게 될 수많은 문제에 대해서도 마찬가지로 적용해 볼 수 있을 것입니다, 반드시.

벌거숭이 임금의 진실

옛날 옛적 어느 나라에 무능하고 사치스러운 임금이 살았습니다. 그 소문이 이웃 나라에까지 널리 퍼지자 세상에서 가장 아름다운 옷을 만든다는 재단사가 임금 앞에 나타났습니다. 임금은 얼씨구나 하고 옷을 주문했죠. 희한하게도 이 재단사는 멍청한 사람의 눈에는 절대로 보이지 않는 옷감으로 옷을 만든다고 했어요. 그런데 임금의 눈에도, 신하들의 눈에도 당최 옷이 어떻게 만들어지는지 보이지가 않는 거예요. 하지만 옷이 보이지 않는다고 말하는 이는 아무도 없었죠. 스스로가 멍청이라고 증명하는 꼴이 될 테니까요.

그 누구에게도 보이지 않는 멋진 옷이 완성되자, 그 옷을 걸친(?) 임금이 거리로 행차를 나섭니다. 팬티 바람으로 거리를 활보하는 임금을 보고도 누구 하나 눈에 보이는 대로 말하는 사람이 없었습니다. 백성들도 이미 옷에 대한 소문을 들었기 때문이죠. 그렇게 임금의 속옷 패션쇼가 한창 열리고 있는데 어디선가 어린아이의 외침이 들려옵니다.

"와, 벌거숭이 임금님이다!"

어떤 생각이 더는 유효하지 않고 틀렸다는 느낌이 들더라도, 그 사실을 인정하고 받아들이는 일은 쉽지 않습니다. 내 눈에 분명 보이지 않는데 멍청한 사람은 되기 싫어 멋지다고 찬사를 보내는 편이 더 쉬울지도 모르죠. 나 말고도 모두가 그렇게 하니까요. 하지만 누군가 임금이 벌거숭이라고 용감하게 외친 이후에는 상황이 좀 달라지지 않을까요. 임금이 벌거벗었다는 사실을 우리는 모두 이미 알고 있었으니까요.

다소 먼 미래의 이야기이지만, 영원히 타오를 듯한 태양도 서서히 식고 지구 자원도 점점 바닥을 드러낼 것입니다. 어쩌면 그리 머지않은 미래에 인류가 무분별하게 쓰고 버린 플라스틱 쓰레기가 생명체를 몰아내고 지구를 차지하거나, 돌이킬 수 없는 기후 위기로 인류가 사라질지도 모를 일이죠. 우리가 지금처럼 벌거숭이 임금을 외면한 채 살아간다면 말입니다.

감염병의 시대를 살아가는 지금, 우리는 무한 경쟁과 개인만의 행복이 무의미하다는 사실을 깨달았습니다. 지구 생태계 속에서 오로지 인간만 건강할 수 없다는 진실도 알게 되었죠. 만약 소중한 우리의 일상을 되찾는다면, 그 평범한 일상을 오래도록 지키고 더 나은 삶을 이어 가기 위해 어떻게 행동해야 하는지 지금부터 차근히 생각하고 함께 실천해 나가기 바랍니다.

원 헬스, 모두의 건강

참고 문헌

『전염병의 세계사』, 윌리엄 맥닐 지음, 김우영 옮김, 이산, 2005

『전염병의 문화사』, 아노 카렌 지음, 권복규 옮김, 사이언스북스, 2001

『초대하지 않은 손님, 전염병의 진화』, 최석민 지음, 프로네시스, 2007

『침묵의 봄』, 레이철 카슨 지음, 김은령 옮김, 에코리브르, 2011

『인간 없는 세상』, 앨런 와이즈먼 지음, 이한중 옮김, 랜덤하우스코리아, 2007

『두려움 없는 미래』, 게세코 폰 뤼프케 지음, 박병화·박승억 옮김, 프로네시스, 2010

『자연이 경제다』, 안드레아스 베버 지음, 박승재 옮김, 프로네시스, 2009

『생명의 사회사』, 김동광 지음, 궁리, 2017

『사피엔스』, 유발 하라리 지음, 조현욱 옮김, 김영사, 2015

『호모 데우스』, 유발 하라리 지음, 김명주 옮김, 김영사, 2017

『포스트휴먼이 온다』, 이종관 지음, 사월의책, 2017

『렌즈와 컴퍼스』, 박승억 지음, 로고폴리스, 2016

『아픔이 길이 되려면』, 김승섭 지음, 동아시아, 2017

『코스모스』, 칼 세이건 지음, 홍승수 옮김, 사이언스북스, 2006

『우리는 지금 미래를 걷고 있습니다』, 김정민 지음, 우리학교, 2018

사진 저작권

16쪽: 웰컴컬렉션 © Wellcome Collection. Attribution 4.0 International(CC BY 4.0)

33쪽: 언스플래쉬 © Anton Eprev

34쪽(위): 연합뉴스

34쪽(아래): 국가기록원

37쪽: 언스플래쉬 © CDC

48쪽: 언스플래쉬 © Martin Sanchez

64쪽: 언스플래쉬 © Louis Maniquet

69쪽: 나사 Ⓢ Nasa / Bill Ingalls

87쪽: 언스플래쉬 © Caitlin Wynne

99쪽(위): 연합뉴스

99쪽(아래): 연합뉴스

110쪽: 웰컴컬렉션 © Wellcome Collection. Attribution 4.0 International(CC BY 4.0)

132쪽: 언스플래쉬 © Martin Sanchez

174쪽: 언스플래쉬 © Johannes Giez

185쪽: 언스플래쉬 © Sam Butcher

192쪽: 플리커 © acearchie

인문학과 함께하는 과학 산책
우리는 감염병의 시대를 살고 있습니다

초판 1쇄 펴낸날 2020년 9월 21일
초판 7쇄 펴낸날 2023년 10월 20일

지은이 김정민
펴낸이 홍지연

편집 홍소연 고영완 이태화 전희선
조어진 이수진 차소영 서경민
디자인 권수아 박태연 박해연 정든해
마케팅 강점원 최은 신종연 김신애
경영지원 정상희 여주현

펴낸곳 (주)우리학교
출판등록 제313-2009-26호(2009년 1월 5일)
주소 04029 서울시 마포구 동교로12안길 8
전화 02-6012-6094
팩스 02-6012-6092
홈페이지 www.woorischool.co.kr
이메일 woorischool@naver.com

ISBN 979-11-90337-47-2 43500

• 책값은 뒤표지에 적혀 있습니다.
• 잘못된 책은 구입한 곳에서 바꾸어 드립니다.